AF494178

PETIT MANUEL

DE

L'OUVRIER ET DU COMMERÇANT,

RENFERMANT

1° Un Tarif pour l'évaluation des Mesures anciennes de longueur (Toises, Pieds, Pouces, etc.) en Mètres et Millimètres ; 2° un Tarif pour l'évaluation en Mètres carrés et Millimètres carrés des surfaces dont les dimensions sont connues en Pieds, Toises, etc. (anciennes mesures) ; 3° un Tarif pour le Cubage des Solides dont les dimensions sont déterminées en Pieds, Toises, etc.; 4° enfin, un Tarif de Comptes faits ;

Par J. GEORGE, Fils.

PARIS.

LIBRAIRIE ECCLÉSIASTIQUE, CLASSIQUE, ÉLÉMENTAIRE
DE H. DELLOYE,

Rue des Filles Saint-Thomas, n° 13, place de la Bourse.

—

1841

Tout Exemplaire non revêtu des griffes de
MM. GEORGE FILS et DELLOYE sera réputé
contrefait.

INTRODUCTION.

Bien que la loi du 4 juillet 1837, mise en vigueur depuis le 1er janvier 1840, défende expressément, et sous peine d'amendes plus ou moins élevées, l'emploi des mesurés anciennes dans les ateliers et les magasins, il n'en est pas moins constant qu'un grand nombre d'ouvriers, qui ont de ces mesures une trop vieille et trop forte habitude pour consentir aujourd'hui à en employer et à en étudier d'autres, continueront encore à en faire usage. Ils seront donc obligés, pour ne point contrevenir à la loi, d'évaluer en mesures nouvelles le travail qu'ils auront fait à l'aide des anciennes. C'est dans le but de leur faciliter ce travail qu'a été conçu le *Petit Manuel de l'Ouvrier et du Commerçant*.

Ce petit ouvrage est composé de quatre tarifs.

Le 1er sert à exprimer en mètres et millimètres toutes les longueurs déterminées en toises, pieds, pouces, lignes, depuis une ligne jusqu'à 10,000 toises.

A l'aide du 2e, on peut exprimer en mètres carrés et parties décimales du mètre carré les surfaces dont les dimensions sont connues en toises et pieds.

Le 3e, spécialement destiné à la stéréométrie (solivage) des bois de charpente, donne les moyens d'exprimer en décistères, (solive nouvelle) et parties décimales du décistère, les volumes dont les dimensions sont connues en toises, pieds, pouces.

Le 4e enfin est un tarif de comptes faits.

Chaque tarif est précédé d'une explication et d'exemples indiquant la manière de s'en servir dans les divers cas qui peuvent se présenter.

Enfin, on a pensé que cet ouvrage se terminerait utilement par la partie de l'ordonnance royale du 16 juin 1839 qui a rapport aux nouvelles mesures métriques dont l'usage est seul adopté, et aux conditions qu'elles doivent remplir pour être légalement employées.

TARIF

POUR L'ÉVALUATION

DES

TOISES, PIEDS, POUCES ET LIGNES

EN

MÈTRES ET MILLIMÈTRES,

DEPUIS 1 LIGNE JUSQU'A 10,000 TOISES.

Ce tarif est établi ainsi qu'il suit :

Toutes les longueurs y sont exprimées de ligne en ligne, depuis 1 ligne jusqu'à 5 pieds 11 pouces 11 lignes ; à partir de là, elles sont calculées de toise en toise, jusqu'à 25 toises inclusivement ; enfin depuis 25 à 500 toises, elles sont toutes exprimées de 5 en 5 toises. Le tarif est terminé par les expressions de 6, 7, 8, 9 cents, de 1, 2, 3, 4, 5 et dix mille toises en mètres et millimètres, et donne ainsi la facilité d'évaluer en mètres et millimètres, à l'aide d'une simple addition de deux ou trois nombres au plus, toutes les longueurs comprises entre 1 ligne et 10,000 toises ou 60,000 pieds.

1

Quelques applications expliqueront la manière d'en faire usage :

Il peut se présenter deux cas : ou la longueur à évaluer en mètres et millimètres ne sera composée que de toises, ou elle contiendra en outre des pieds, des pouces, des lignes.

Premier cas.

Si le nombre proposé, qui ne contient que des toises, est un multiple de 5, il se trouvera directement dans le tarif; s'il n'est pas un multiple de 5, quoique plus grand que 25, on cherchera dans le tarif le plus petit multiple de 5, dont il s'approche le plus, et suivant que ce dernier différera du proposé de 1, 2, 3 ou 4 toises on ajoutera à la valeur en mètres, qui lui correspond, celle de 1, 2, 3 ou 4 toises prise dans le tarif.

Soit proposé, par exemple, de déterminer en mètres et millimètres, la valeur de 378 toises.

On a d'après le tarif :

$$375 \text{ toises valent } 730^{\text{m}}, 962.$$
$$3 \text{ toises} \quad \text{id.} \quad 5^{\text{m}}, 847.$$
$$\text{d'où} \quad 378 \text{ toises} \quad \text{id.} \quad 736^{\text{m}}, 809.$$

378 toises valent donc 736 mètres, 809 millimètres.

Deuxième cas.

Si le nombre proposé contient des subdivisions de la toise, pour l'évaluer en mètres et millimètres, on le divise en deux parties, dont une ne contient qu'un nombre entier de toises, et l'autre ses subdivisions. On détermine ensuite la valeur de ce nombre entier de toises, ainsi qu'il a été dit plus haut, et on ajoute au résultat la valeur exprimée en mètres et millimètres de la fraction de toise faisant partie du nombre proposé.

Soit à exprimer en mètres et millimètres 479 toises, 5 pieds, 7 pouces, 3 lignes.

On décompose ce nombre en 479 toises et en 5 pieds, 7 pouces, 3 lignes, et on a, d'après le tarif :

$$475 \text{ toises valent } 925^m, 754.$$
$$4 \text{ toises} \quad \text{id.} \quad 7^m, 796.$$
$$5^p, 7_{p_o}, 3^{li}, \text{id.} \quad 1^m, 820.$$

459 toises, 5 pieds, 7 pouces, 3 lignes valent 935^m, 370, ou 935 mètres 370 millimètres.

(Nota.) Si la longueur proposée était exprimée en pieds, on pourrait la déterminer en mètres et millimètres au moyen du tarif en se rappelant que 6 pieds valent 1 toise, c'est-à-dire en prenant la 6e partie et effectuant sur le résultat.

TOISES, PIEDS, POUCES ET LIGNES

lig. / po.	li.	millim.	po.	li.	millim.	po.	li.	millim
1		2	2	11	79	5	10	158
2		5	3	»	81	5	11	160
3		7	3	1	83	6	»	162
4		9	3	2	86	6	1	164
5		11	3	3	88	6	2	167
6		14	3	4	90	6	3	169
7		16	3	5	92	6	4	171
8		18	3	6	95	6	5	173
9		20	3	7	97	6	6	176
10		23	3	8	99	6	7	178
11		25	3	9	102	6	8	180
po.	**li.**		3	10	104	6	9	182
1	»	27	3	11	106	6	10	185
1	1	29	4	»	108	6	11	187
1	2	32	4	1	110	7	»	189
1	3	34	4	2	113	7	1	191
1	4	36	4	3	115	7	2	194
1	5	38	4	4	117	7	3	196
1	6	41	4	5	120	7	4	198
1	7	43	4	6	122	7	5	200
1	8	45	4	7	124	7	6	203
1	9	47	4	8	126	7	7	205
1	10	50	4	9	129	7	8	207
1	11	52	4	10	131	7	9	209
2	»	54	4	11	133	7	10	212
2	1	56	5	»	135	7	11	214
2	2	59	5	1	137	8	»	217
2	3	61	5	2	140	8	1	219
2	4	63	5	3	142	8	2	221
2	5	65	5	4	144	8	3	223
2	6	68	5	5	146	8	4	226
2	7	70	5	6	149	8	5	228
2	8	72	5	7	151	8	6	230
2	9	74	5	8	153	8	7	233
2	10	77	5	9	155	8	8	252

EN MÈTRES ET MILLIMÈTRES.

po.	li.	millim.
8	9	237
8	10	239
8	11	241
9	»	244
9	1	246
9	2	248
9	3	250
9	4	253
9	5	255
9	6	257
9	7	259
9	8	262
9	9	264
9	10	266
9	11	268
10	»	271
10	1	273
10	2	275
10	3	277
10	4	280
10	5	282
10	6	284
10	7	286
10	8	289
10	9	291
10	10	293
10	11	295
11	»	298
11	1	300
11	2	302
11	3	304
11	4	307
11	5	309
11	6	311
11	7	313

po.	li.	millim.
11	8	316
11	9	318
11	10	320
11	11	322

pie.	po.	li.	millim.
1	»	»	325
1	»	1	327
1	»	2	329
1	»	3	331
1	»	4	334
1	»	5	336
1	»	6	338
1	»	7	340
1	»	8	343
1	»	9	345
1	»	10	347
1	»	11	349
1	1	»	352
1	1	1	354
1	1	2	356
1	1	3	358
1	1	4	361
1	1	5	363
1	1	6	365
1	1	7	367
1	1	8	370
1	1	9	372
1	1	10	374
1	1	11	376
1	2	»	379
1	2	1	381
1	2	2	383
1	2	3	386
1	2	4	388
1	2	5	390

pi.	po.	li.	millim.
1	2	6	393
1	2	7	395
1	2	8	397
1	2	9	399
1	2	10	402
1	2	11	404
1	3	»	406
1	3	1	408
1	3	2	411
1	3	3	413
1	3	4	415
1	3	5	417
1	3	6	420
1	3	7	422
1	3	8	424
1	3	9	426
1	3	10	429
1	3	11	431
1	4	»	433
1	4	1	435
1	4	2	438
1	4	3	440
1	4	4	442
1	4	5	444
1	4	6	447
1	4	7	449
1	4	8	451
1	4	9	453
1	4	10	456
1	4	11	458
1	5	»	460
1	5	1	462
1	5	2	465
1	5	3	467
1	5	4	469

TOISES, PIEDS, POUCES ET LIGNES

pi.	po.	li.	millim.	pi.	po.	li.	millim.	pi.	po.	li	millim.
1	5	5	471	1	8	4	550	1	11	3	629
1	5	6	474	1	8	5	552	1	11	4	632
1	5	7	476	1	8	6	555	1	11	5	634
1	5	8	478	1	8	7	557	1	11	6	636
1	5	9	480	1	8	8	559	1	11	7	638
1	5	10	483	1	8	9	561	1	11	8	641
1	5	11	485	1	8	10	564	1	11	9	643
1	6	»	487	1	8	11	566	1	11	10	645
1	6	1	489	1	9	»	568	1	11	11	647
1	6	2	492	1	9	1	570	2	»	»	650
1	6	3	494	1	9	2	573	2	»	1	652
1	6	4	498	1	9	3	575	2	»	2	654
1	6	5	498	1	9	4	577	2	»	3	656
1	6	6	501	1	9	5	579	2	»	4	659
1	6	7	503	1	9	6	582	2	»	5	661
1	6	8	505	1	9	7	584	2	»	6	663
1	6	9	507	1	9	8	587	2	»	7	665
1	6	10	510	1	9	9	589	2	»	8	668
1	6	11	512	1	9	10	591	2	»	9	670
1	7	»	514	1	9	11	593	2	»	10	672
1	7	1	516	1	10	»	596	2	»	11	674
1	7	2	519	1	10	1	598	2	1	»	677
1	7	3	521	1	10	2	600	2	1	1	679
1	7	4	523	1	10	3	602	2	1	2	681
1	7	5	525	1	10	4	604	2	1	3	683
1	7	6	528	1	10	5	607	2	1	4	686
1	7	7	530	1	10	6	609	2	1	5	688
1	7	8	532	1	10	7	611	2	1	6	690
1	7	9	534	1	10	8	614	2	1	7	692
1	7	10	537	1	10	9	616	2	1	8	695
1	7	11	539	1	10	10	618	2	1	9	697
1	8	»	541	1	10	11	620	2	1	10	699
1	8	1	543	1	11	»	623	2	1	11	701
1	8	2	546	1	11	1	625	2	2	»	704
1	8	3	548	1	11	2	627	2	2	1	706

EN MÈTRES ET MILLIMÈTRES..

pi.	po.	li.	millim.	pi.	po.	li.	millim.	pi.	po.	li.	millim.
2	2	2	708	2	5	1	787	2	8	»	866
2	2	3	710	2	5	2	790	2	8	1	868
2	2	4	713	2	5	3	792	2	8	2	871
2	2	5	715	2	5	4	794	2	8	3	870
2	2	6	717	2	5	5	796	2	8	4	875
2	2	7	719	2	5	6	799	2	8	5	877
2	2	8	722	2	5	7	801	2	8	6	880
2	2	9	724	2	5	8	803	2	8	7	882
2	2	10	726	2	5	9	805	2	8	8	884
2	2	11	728	2	5	10	808	2	8	9	886
2	3	»	731	2	5	11	810	2	8	10	889
2	3	1	733	2	6	»	812	2	8	11	891
2	3	2	735	2	6	1	814	2	9	»	893
2	3	3	737	2	6	2	817	2	9	1	895
2	3	4	740	2	6	3	819	2	9	2	898
2	3	5	742	2	6	4	821	2	9	3	900
2	3	6	744	2	6	5	823	2	9	4	902
2	3	7	746	2	6	6	826	2	9	5	904
2	3	8	749	2	6	7	828	2	9	6	907
2	3	9	751	2	6	8	830	2	9	7	909
2	3	10	753	2	6	9	832	2	9	8	911
2	3	11	755	2	6	10	835	2	9	9	913
2	4	»	758	2	6	11	837	2	9	10	916
2	4	1	760	2	7	»	839	2	9	11	918
2	4	2	762	2	7	1	841	2	10	»	920
2	4	3	764	2	7	2	844	2	10	1	922
2	4	4	767	2	7	3	846	2	10	2	925
2	4	5	769	2	7	4	848	2	10	3	927
2	4	6	771	2	7	5	850	2	10	4	929
2	4	7	773	2	7	6	853	2	10	5	931
2	4	8	776	2	7	7	855	2	10	6	934
2	4	9	778	2	7	8	857	2	10	7	936
2	4	10	781	2	7	9	859	2	10	8	938
2	4	11	783	2	7	10	862	2	10	9	940
2	5	»	785	2	7	11	864	2	10	10	943

TOISES, PIEDS, POUCES ET LIGNE

pi.	po.	li.	millim.
2	10	11	945
2	11	»	947
2	11	1	949
2	11	2	952
2	11	3	954
2	11	4	956
2	11	5	959
2	11	6	961
2	11	7	963
2	11	8	965
2	11	9	968
2	11	10	970
2	11	11	972
3	»	»	975
3	»	1	977
3	»	2	979
3	»	3	981
3	»	4	984
3	»	5	986
3	»	6	988
3	»	7	990
3	»	8	993
3	»	9	995
3	»	10	997
3	»	11	999

pi.	po.	li.	mèt.etmil.
3	1	»	1,002
3	1	1	1,004
3	1	2	1,006
3	1	3	1,008
3	1	4	1,011
3	1	5	1,013
3	1	6	1,015
3	1	7	1,017
3	1	8	1,020

pi.	po.	li.	mèt.etmil.
3	1	9	1,022
3	1	10	1,024
3	1	11	1,026
3	2	»	1,029
3	2	1	1,031
3	2	2	1,033
3	2	3	1,035
3	2	4	1,038
3	2	5	1,040
3	2	6	1,042
3	2	7	1,044
3	2	8	1,047
3	2	9	1,049
3	2	10	1,051
3	2	11	1,053
3	3	»	1,056
3	3	1	1,058
3	3	2	1,060
3	3	3	1,062
3	3	4	1,065
3	3	5	1,067
3	3	6	1,069
3	3	7	1,071
3	3	8	1,074
3	3	9	1,076
3	3	10	1.078
3	3	11	1,080
3	4	»	1,083
3	4	1	1,085
3	4	2	1,087
3	4	3	1,089
3	4	4	1,092
3	4	5	1,094
3	4	6	1,096
3	4	7	1,098

pi.	po.	li.	mèt.etmil
3	4	8	1,101
3	4	9	1,103
3	4	10	1,105
3	4	11	1,107
3	5	»	1,110
3	5	1	1,112
3	5	2	1,114
3	5	3	1,116
3	5	4	1,119
3	5	5	1,121
3	5	6	1,123
3	5	7	1,126
3	5	8	1,128
3	5	9	1,130
3	5	10	1,132
3	5	11	1,135
3	6	»	1,137
3	6	1	1,139
3	6	2	1,141
3	6	3	1,144
3	6	4	1,146
3	6	5	1.148
3	6	6	1,150
3	6	7	1,153
3	6	8	1,155
3	6	9	1,157
3	6	10	1,159
3	6	11	1,162
3	7	»	1,164
3	7	1	1,166
3	7	2	1,169
3	7	3	1,171
3	7	4	1,173
3	7	5	1,175
3	7	6	1,178

EN MÈTRES ET MILLIMÈTRES.

pi.	po.	li.	mèt.etmil.	pi.	po.	li.	mèt.et mi.	pi.	po.	li.	mèt.etmil.
3	7	7	1,180	3	10	6	1,259	4	1	5	1,337
3	7	8	1,182	3	10	7	1,261	4	1	6	1,340
3	7	9	1,184	3	10	8	1,263	4	1	7	1,342
3	7	10	1,187	3	10	9	1,265	4	1	8	1,344
3	7	11	1,189	3	10	10	1,268	4	1	9	1,346
3	8	»	1,191	3	10	11	1,270	4	1	10	1,349
3	8	1	1,193	3	11	»	1,272	4	1	11	1,351
3	8	2	1,196	3	11	1	1,274	4	2	»	1,353
3	8	3	1,198	3	11	2	1,277	4	2	1	1,355
3	8	4	1,200	3	11	3	1,279	4	2	2	1,358
3	8	5	1,202	3	11	4	1,281	4	2	3	1,360
3	8	6	1,205	3	11	5	1,283	4	2	4	1,362
3	8	7	1,207	3	11	6	1,286	4	2	5	1,364
3	8	8	1,209	3	11	7	1,288	4	2	6	1,367
3	8	9	1,211	3	11	8	1,290	4	2	7	1,369
3	8	10	1,214	3	11	9	1,292	4	2	8	1,371
3	8	11	1,216	3	11	10	1,295	4	2	9	1,373
3	9	»	1,218	3	11	11	1,297	4	2	10	1,376
3	9	1	1,220	4	»	»	1,299	4	2	11	1,378
3	9	2	1,223	4	»	1	1,301	4	3	»	1,380
3	9	3	1,225	4	»	2	1,304	4	3	1	1,383
3	9	4	1,227	4	»	3	1,306	4	3	2	1,385
3	9	5	1,229	4	»	4	1,308	4	3	3	1,387
3	9	6	1,232	4	»	5	1,310	4	3	4	1,389
3	9	7	1,234	4	»	6	1,313	4	3	5	1,392
3	9	8	1,236	4	»	7	1,315	4	3	6	1,296
3	9	9	1,238	4	»	8	1,317	4	3	7	1,394
3	9	10	1,241	4	»	9	1,320	4	3	8	1,399
3	9	11	1,243	4	»	10	1,322	4	3	9	1,401
3	10	»	1,245	4	»	11	1,324	4	3	10	1,40ε
3	10	1	1,247	4	1	»	1,326	4	3	11	1,405
3	10	2	1,250	4	1	1	1,329	4	4	»	1,408
3	10	3	1,252	4	1	2	1,331	4	4	1	1,410
3	10	4	1,254	4	1	3	1,333	4	4	2	1,412
3	10	5	1,256	4	1	4	1,335	4	4	3	1,414

TOISES, PIÈDS, POUCES ET LIGNES

pi.	po.	li.	mèt.etmi.	pi.	po.	li.	mèt.etmi.	pi.	po.	li.	mèt.etmi.
4	4	4	1,417	4	7	3	1,495	4	10	2	1,574
4	4	5	1,419	4	7	4	1,498	4	10	3	1,577
4	4	6	1,421	4	7	5	1,500	4	10	4	1,579
4	4	7	1,423	4	7	6	1,502	4	10	5	1,581
4	4	8	1,426	4	7	7	1,505	4	10	6	1,583
4	4	9	1,428	4	7	8	1,507	4	10	7	1,586
4	4	10	1,430	4	7	9	1,509	4	10	8	1,588
4	4	11	1,432	4	7	10	1,511	4	10	9	1,590
4	5	»	1,435	4	7	11	1,514	4	10	10	1,593
4	5	1	1,437	4	8	»	1,516	4	10	11	1,595
4	5	2	1,439	4	8	1	1,518	4	11	»	1,597
4	5	3	1,441	4	8	2	1,520	4	11	1	1,599
4	5	4	1,444	4	8	3	1,523	4	11	2	1,602
4	5	5	1,446	4	8	4	1,525	4	11	3	1,604
4	5	6	1,448	4	8	5	1,527	4	11	4	1,606
4	5	7	1,450	4	8	6	1,529	4	11	5	1,608
4	5	8	1,453	4	8	7	1,532	4	11	6	1,611
4	5	9	1,455	4	8	8	1,534	4	11	7	1,613
4	5	10	1,457	4	8	9	1,536	4	11	8	1,615
4	5	11	1,459	4	8	10	1,538	4	11	9	1,617
4	6	»	1,462	4	8	11	1,541	4	11	10	1,620
4	6	1	1,464	4	9	»	1,543	4	11	11	1,622
4	6	2	1,466	4	9	1	1,545	5	»	»	1,624
4	6	3	1,469	4	9	2	1,547	5	»	1	1,626
4	6	4	1,471	4	9	3	1,550	5	»	2	1,629
4	6	5	1,473	4	9	4	1,552	5	»	3	1,631
4	6	6	1,475	4	9	5	1,554	5	»	4	1,633
4	6	7	1,478	4	9	6	1,556	5	»	5	1,635
4	6	8	1,480	4	9	7	1,559	5	»	6	1,638
4	6	9	1,482	4	9	8	1,561	5	»	7	1,640
4	6	10	1,484	4	9	9	1,563	5	»	8	1,642
4	6	11	1,487	4	9	10	1,565	5	»	9	1,644
4	7	»	1,489	4	9	11	1,568	5	»	10	1,647
4	7	1	1,491	4	10	»	1,570	5	»	11	1,649
4	7	2	1,493	4	10	1	1,572	5	1	»	1,651

EN MÈTRES ET MILLIMÈTRES.

pi.	po.	li.	met.etmi.	pi.	po.	li.	met.etmi.	pi.	po.	li.	met.etmi.
5	1	1	1,653	5	4	»	1,732	5	6	11	1,811
5	1	2	1,656	5	4	1	1,735	5	7	»	1,814
5	1	3	1,658	5	4	2	1,737	5	7	1	1,816
5	1	4	1,660	5	4	3	1,739	5	7	2	1,818
5	1	5	1,662	5	4	4	1,741	5	7	3	1,820
5	1	6	1,665	5	4	5	1,744	5	7	4	1,823
5	1	7	1,667	5	4	6	1,746	5	7	5	1,825
5	1	8	1,669	5	4	7	1,748	5	7	6	1,827
5	1	9	1,672	5	4	8	1,750	5	7	7	1,829
5	1	10	1,674	5	4	9	1,753	5	7	8	1,832
5	1	11	1,676	5	4	10	1,755	5	7	9	1,834
5	2	»	1,678	5	4	11	1,757	5	7	10	1,836
5	2	1	1,680	5	5	»	1,759	5	7	11	1,838
5	2	2	1,683	5	5	1	1,762	5	8	»	1,841
5	2	3	1,685	5	5	2	1,764	5	8	1	1,843
5	2	4	1,687	5	5	3	1,766	5	8	2	1,845
5	2	5	1,690	5	5	4	1,768	5	8	3	1,847
5	2	6	1,692	5	5	5	1,771	5	8	4	1,850
5	2	7	1,694	5	5	6	1,773	5	8	5	1,852
5	2	8	1,696	5	5	7	1,775	5	8	6	1,854
5	2	9	1,699	5	5	8	1,777	5	8	7	1,856
5	2	10	1,701	5	5	9	1,780	5	8	8	1,859
5	2	11	1,703	5	5	10	1,782	5	8	9	1,861
5	3	»	1,705	5	5	11	1,784	5	8	10	1,863
5	3	1	1,708	5	6	»	1,787	5	8	11	1,865
5	3	2	1,710	5	6	1	1,789	5	9	»	1,868
5	3	3	1,712	5	6	2	1,791	5	9	1	1,870
5	3	4	1,714	5	6	3	1,793	5	9	2	1,872
5	3	5	1,717	5	6	4	1,796	5	9	3	1,875
5	3	6	1,719	5	6	5	1,798	5	9	4	1,877
5	3	7	1,721	5	6	6	1,800	5	9	5	1,879
5	3	8	1,723	5	6	7	1,802	5	9	6	1,881
5	3	9	1,726	5	6	8	1,805	5	9	7	1,884
5	3	10	1,728	5	6	9	1,807	5	9	8	1,886
5	3	11	1,730	5	6	10	1,809	5	9	9	1,888

TOISES, PIEDS, POUCES ET LIGNES

pi.	po.	li.	mèt. et mil.	toises	mèt. et mil.	toises	mèt et mil
5	9	10	1,890	10	19,490	125	243,690
5	9	11	1,893	11	21,439	130	253,435
5	10	»	1,895	12	23,388	135	263,180
5	10	1	1,897	13	25,337	140	272,925
5	10	2	1,899	14	27,287	145	282,671
5	10	3	1,902	15	29,237	150	292,416
5	10	4	1,904	16	31,186	155	302,161
5	10	5	1,906	17	33,135	160	311,906
5	10	6	1,908	18	35,084	165	321,651
5	10	7	1,911	19	37,033	170	331,397
5	10	8	1,913	20	38,982	175	341,142
5	10	9	1,915	21	40,931	180	350,887
5	10	10	1,917	22	42,880	185	360,632
5	10	11	1,920	23	44,829	190	370,377
5	11	»	1,922	24	46,778	195	380,122
5	11	1	1,924	25	48,627	200	389,867
5	11	2	1,926	30	58,372	205	399,613
5	11	3	1,929	35	68,117	210	409,358
5	11	4	1,931	40	77,862	215	419,103
5	11	5	1,933	45	87,608	220	428,848
5	11	6	1,935	50	97,352	225	438,596
5	11	7	1,938	55	107,098	230	448,342
5	11	8	1,940	60	116,843	235	458,087
5	11	9	1,942	65	126,588	240	467,832
5	11	10	1,944	70	136,334	245	477,577
5	11	11	1,947	75	146,079	250	487,322
1	toise		1,949	60	155,824	255	497,067
2			3,898	85	165,569	260	506,813
3			5,847	90	175,314	265	516,558
4			7,796	95	185,059	270	526,303
5			9,745	100	194,904	275	536,048
6			11,946	105	204,649	280	545,793
7			13,643	110	214,394	285	555,539
8			15,592	115	224,140	290	565,284
9			17,541	120	233,945	295	575,029

EN MÈTRES ET MILLIMÈTRES.

toises	mèt. et mil.	toises	mèt. et mil.	toises	mèt. et mil.
300	584,774	385	750,452	470	916,019
305	594,519	390	760,197	475	925,754
310	604,264	395	769,943	480	935,488
315	614,020	400	779,685	485	945,223
320	623,765	405	789,433	490	955,068
325	633,510	410	799,178	495	964,773
330	643,255	415	808,923	500	974,518
335	653,000	420	818,568	600	1169,422
340	662,746	425	828,314	700	1364,326
345	672,491	430	838,059	800	1559,230
350	682,236	435	847,804	900	1754,133
355	691,981	440	857,549	1000	1949,037
360	701,726	445	867,293	2000	3898,074
365	711,471	450	877,038	3000	5847,111
370	721,217	455	886,784	4000	7796,148
375	730,962	460	896,529	5000	9745,185
380	740,707	465	906,274	10000	19490,370

ÉVALUATION DES ANCIENNES MESURES DE LONGUEUR EN MÈTRES.

Nos.	TOISES en mètres.	PIEDS en mètres.	POUCES en mètres.	LIGNES en mètres.
1	1,94904	0,32484	0,027070	0,002256
2	3,89807	0,64968	0,054140	0,004512
3	5,84711	0,97452	0,081210	0,006768
4	7,79615	1,29936	0,108280	0,009024
5	9,74518	1,62420	0,135350	0,011280
6	11,69422	1,94904	0,162419	0,013536
7	13,64326	2,27388	0,189489	0,015792
8	15,59230	2,59872	0,216559	0,018048
9	17,54133	2,92356	6,243629	0,020304
10	19,49037	3,14840	0,270699	0,022560

Nes.	AUNES en mètres.		FRACTIONS d'aunes en mètres.		FRACTIONS d'aunes en mètres.		FRACTIONS d'aunes en mètres.
1	1,18845	$\frac{1}{2}$	0,59422	$\frac{7}{8}$	1,03988	$\frac{11}{16}$	0,81705
2	2,37689	$\frac{1}{3}$	0,39615	$\frac{1}{12}$	0,09903	$\frac{13}{16}$	0,96561
3	3,56534	$\frac{2}{3}$	0,79229	$\frac{5}{12}$	0,49518	$\frac{15}{16}$	1,11417
4	4,75378	$\frac{1}{4}$	0,29711	$\frac{7}{12}$	0,69326		
5	5,94223	$\frac{3}{4}$	0,89134	$\frac{11}{12}$	1,08857		
6	7,13068	$\frac{1}{6}$	0,19807	$\frac{1}{16}$	0,07427		
7	8,31912	$\frac{5}{6}$	0,99037	$\frac{3}{16}$	0,22283		
8	9,50757	$\frac{1}{8}$	0,14855	$\frac{5}{16}$	0,37139		
9	10,69601	$\frac{3}{8}$	0,44567	$\frac{7}{16}$	0,51994		
10	11,88446	$\frac{5}{8}$	0,74278	$\frac{9}{16}$	0,65600		

TARIF

Pour évaluer en mètres carrés et parties décimales de mètre carré les surfaces dont les dimensions sont données en toises et pieds.

Le tarif suivant a pour objet de faire connaître en mètres carrés et parties décimales de mètre carré les surfaces dont les dimensions sont données en pieds et toises.

Les nombres placés dans la colonne des *longueurs* représentent des pieds, les *largeurs* ou *hauteurs* sont aussi exprimées en pieds. Dans les colonnes intitulées *mètres carrés* se trouvent les mètres carrés et parties décimales de mètre carré, exprimant la surface résultant du produit des dimensions (largeur et hauteur) correspondantes.

Le premier chiffre à droite de la virgule représente des dixièmes, le suivant des centièmes, le troisième enfin des millièmes de mètres carrés ; de sorte qu'un nombre quelconque, 23,479 par exemple, pris dans cette colonne, doit s'exprimer ainsi : 23 mètres carrés, 479 millièmes de mètres carrés, ou en ajoutant un zéro à la droite du 9 : 23 mètres carrés 4,790 centimètres carrés.

Ce tarif, spécialement utile aux entrepreneurs, aux peintres en bâtimens, aux ouvriers en ébénisterie et menuiserie, est d'un emploi très-simple.

Quelques exemples feront connaître la manière de s'en servir.

1. Déterminer en *mètres carrés* la surface d'un plafond dont la longueur est 45 *pieds* et la largeur 22 *pieds*.

On cherche dans le tarif la colonne des longueurs correspondant à une largeur de 22 pieds, on cherche dans cette colonne le nombre 45, et le nombre 104,466 qui y correspond, dans la colonne *mètres carrés*, indique que la surface cherchée est de 104 mètres carrés 466 millièmes de mètres carrés, ou de 104 mètres carrés 4,660 centimètres carrés.

2. Évaluer en mètres carrés la surface d'une muraille dont la longueur est de 9 toises et la hauteur de 4 toises.

Pour résoudre au moyen du tarif les questions de ce genre, il faut se rappeler que la toise vaut 6 pieds. On réduit alors les dimensions proposées en pieds, en multipliant chacune d'elles par 6 : on n'a plus alors à évaluer qu'une surface dont les dimensions sont 56 pieds et 24 pieds, et que l'on trouve, en agissant comme ci-dessus, égale à 141 mètres carrés, 820 millièmes de mètres carrés, ou 82 décimètres carrés.

Enfin, dans le cas où l'une des dimensions données dépasserait la plus grande de celles qui se trouvent dans le tarif, on pourrait également s'en servir pour résoudre la question.

Ainsi, si précédemment, au lieu d'avoir eu 24

pieds, on en avait eu 36, on eût divisé ce dernier nombre en deux parties 31 et 5 (dimensions du tarif); on eût cherché les surfaces correspondantes à 56 pieds sur 31 pieds, à 56 pieds sur 5 pieds : et la somme faite de ces surfaces eût représenté la surface cherchée.

On aurait eu alors :

Surface de 56 sur 31	vaut	183,184
Id.	56 sur 5	*id.*	29,610
Id.	56 sur 36	*id.*	212,794

Donc la surface dont les dimensions sont 56 pieds et 36 pieds, ou 9 toises et 6 toises, est égale à 212 mètres carrés, 794 millièmes de mètres carrés ou à 212 mètres carrés, 7,940 centimètres carrés.

ÉVALUATION DES SURFACES

Longueurs en pieds.	LARGEUR, 2 PIEDS. Mètres carrés.	Longueurs en pieds.	Mètres carrés.	Longueurs en pieds.	LARGEUR, 3 PIEDS. Mètres carrés.	Longueurs en pieds.	Mètres carrés.
2	0,422	32	6,753	3	0,950	33	10,447
3	0,633	33	6,964	4	1,266	34	10,763
4	0,844	34	7,175	5	1,583	35	11,080
5	1,055	35	7,386	6	1,899	36	11,396
6	1,266	36	7,597	7	2,216	37	11,613
7	1,477	37	7,809	8	2,532	38	11,929
8	1,688	38	8,020	9	2,849	39	12,246
9	1,899	39	8,221	10	3,166	40	12,662
10	2,110	40	8,442	11	3,472	41	12,979
11	2,311	41	8,653	12	3,789	42	13,296
12	2,522	42	8,864	13	4,104	43	13,612
13	2,734	43	9,075	14	4,421	44	13,928
14	2,945	44	9,286	15	4,737	45	14,244
15	3,166	45	9,497	16	5,054	46	14,561
16	3,377	46	9,708	17	5,371	47	14,877
17	3,588	47	9,919	18	5,687	48	15,194
18	3,799	48	10,130	19	6,004	49	15,511
19	4,010	49	10,341	20	6,331	50	15,828
20	4,221	50	10,552	21	6,648	51	16,245
21	4,432	51	10,763	22	6,964	52	16,561
22	4,643	52	10,974	23	7,281	53	16,878
23	4,854	53	11,185	24	7,597	54	17,194
24	5,065	54	11,396	25	7,914	55	17,511
25	5,276	55	11,607	26	8,231	56	17,828
26	5,487	56	11,818	27	8,547	57	18,134
27	5,698	57	12,029	28	8,864	58	18,441
28	5,909	58	12,240	29	9,180	59	18,757
29	6,120	59	12,451	30	9,497	60	19,074
30	6,331	60	12,662	31	9,813	61	19,390
31	6,542	61	12,874	32	10,130	62	19,707

EN MÈTRES CARRÉS.

Longueurs en pieds.	Mètres carrés.	Longueurs en pieds.	Mètres carrés.	Longueurs en pieds.	Mètres carrés.	Longueurs en pieds.	Mètres carrés.
	LARGEUR, 4 PIEDS.				LARGEUR, 5 PIEDS.		
4	1,688	34	14,351	5	2,638	35	18,491
5	2,110	35	14,773	6	3,166	36	19,019
6	2,633	36	15,195	7	3,693	37	19,546
7	3,055	37	15,617	8	4,221	38	20,074
8	3,477	38	16,039	9	4,748	39	20,602
9	3,899	39	16,451	10	5,276	40	21,129
10	4,321	40	16,883	11	5,804	41	21,657
11	4,744	41	17,205	12	6,331	42	22,174
12	5,166	42	17,627	13	6,859	43	22,712
13	5,588	43	18,050	14	7,386	44	23,240
14	6,010	44	18,472	15	7,914	45	23,767
15	6,331	45	18,893	16	8,442	46	24,295
16	6,753	46	19,316	17	8,969	47	24,822
17	7,175	47	19,738	18	9,497	48	25,350
18	7,597	48	20,160	19	10,024	49	25,878
19	8,020	49	20,582	20	10,552	50	26,405
20	8,441	50	21,104	21	11,079	51	26,932
21	8,864	51	21,526	22	11,607	52	27,460
22	9,286	52	21,948	23	12,135	53	27,988
23	9,708	53	22,370	24	12,662	54	28,515
24	10,130	54	22,800	25	13,190	55	29,423
25	10,552	55	23,223	26	13,718	56	29,610
26	10,974	56	23,665	27	14,245	57	30,138
27	11,396	57	24,087	28	14,798	58	30,665
28	11,818	58	24,509	29	15,235	59	31,192
29	12,240	59	24,931	30	15,853	60	31,717
30	12,662	60	25,353	31	16,381	61	32,245
31	13,085	61	25,775	32	16,908	62	32,773
32	13,507	62	26,197	33	17,436	63	33,300
33	13,929	63	26,619	34	17,964	64	33,828

ÉVALUATION DES SURFACES

LARGEUR, 6 PIEDS.				LARGEUR, 7 PIEDS.		
Longueurs en pieds.	Mètres carrés.	Longueurs en pieds.	Mètres carrés.	Longueurs en pieds.	Mètres carrés.	Longueurs en pieds.	Mètres carrés.
6	3,799	36	22,792	7	5,170	37	27,330
7	4,432	37	23,426	8	5,909	38	28,068
8	5,065	38	24,059	9	6,648	39	28,807
9	5,698	39	24,692	10	7,386	40	29,546
10	6,331	40	25,325	11	8,125	41	30,284
11	6,964	41	25,958	12	8,864	42	31,023
12	7,597	42	26,591	13	9,602	43	31,762
13	8,231	43	27,224	14	10,341	44	32,500
14	8,864	44	27,857	15	11,080	45	33,239
15	9,497	45	28,491	16	11,818	46	33,978
16	10,130	46	29,124	17	12,557	47	34,716
17	10,763	47	29,757	18	13,295	48	35,455
18	11,396	48	30,390	19	14,034	49	36,194
19	12,029	49	31,023	20	14,773	50	36,932
20	12,662	50	31,656	21	15,511	51	37,671
21	13,295	51	32,289	22	16,250	52	38,409
22	13,929	52	32,922	23	16,989	53	39,148
23	14,562	53	33,556	24	17,727	54	39,887
24	15,195	54	34,189	25	18,466	55	40,625
25	15,828	55	34,822	26	19,205	56	41,364
26	16,461	56	35,455	27	19,943	57	42,103
27	17,094	57	36,088	28	20,682	58	42,841
28	17,727	58	36,721	29	21,421	59	43,580
29	18,361	59	37,354	30	22,159	60	44,319
30	18,994	60	37,987	31	22,898	61	45,057
31	19,627	61	38,621	32	23,637	62	45,796
32	20,261	62	39,254	33	24,375	63	46,535
33	20,893	63	39,887	34	25,114	64	47,273
34	21,526	64	40,514	35	25,852	65	48,012
35	22,159	65	41,147	36	26,591	66	48,750

EN MÈTRES CARRÉS.

LARGEUR, 8 PIEDS.				LARGEUR, 9 PIEDS.			
Longueurs en pieds.	Mètres carrés.	Longueurs en pieds.	Mètres carrés.	Longueurs en pieds.	Mètres carrés.	Longueurs en pieds.	Mètres carrés.
8	6,753	38	32,078	9	8,547	39	37,038
9	7,597	39	32,922	10	9,497	40	37,987
10	8,442	40	33,776	11	10,446	41	38,937
11	9,286	41	34,611	12	11,396	42	39,887
12	10,130	42	35,455	13	12,345	43	40,836
13	10,974	43	36,299	14	13,295	44	41,786
14	11,818	44	37,143	15	14,245	45	42,736
15	12,662	45	37,987	16	15,195	46	43,686
16	13,507	46	38,832	17	16,144	47	44,635
17	14,351	47	39,676	18	17,094	48	45,585
18	15,195	48	40,520	19	18,044	49	46,535
17	16,039	49	41,364	20	18,994	50	47,484
20	16,883	50	42,208	21	19,943	51	48,433
21	17,727	51	43,024	22	20,893	52	49,383
22	18,571	52	43,897	23	21,843	53	50,332
23	19,416	53	44,741	24	22,792	54	51,282
24	20,260	54	45,585	25	23,742	54	52,232
25	21,104	55	46,429	26	24,692	56	53,181
26	21,948	56	47,273	27	25,641	57	54,131
27	22,792	57	48,117	28	26,591	58	55,081
28	23,637	58	48,961	29	27,541	59	56,031
29	24,481	59	49,806	30	28,491	60	56,981
30	25,325	60	50,650	31	29,440	61	57,931
31	26,169	61	51,494	32	30,390	62	58,881
32	27,013	62	52,338	33	31,339	63	59,830
33	27,857	63	53,182	34	32,289	64	60,780
34	28,702	64	54,027	35	33,239	65	61,730
35	29,546	65	54,871	36	34,189	66	62,679
36	30,390	66	55,715	37	35,138	67	63,629
37	31,234	67	56,559	38	36,088	68	64,579

ÉVALUATION DES SURFACES

LARGEUR, 10 PIEDS.				LARGEUR, 11 PIEDS.			
Longueurs en pieds.	Mètres carrés.	Longueurs en pieds.	Mètres carrés.	Longueurs en pieds.	Mètres carrés.	Longueurs en pieds.	Mètres carrés.
10	10,552	40	42,208	11	12,768	41	47,590
11	11,607	41	43,263	12	13,929	42	48,750
12	12,662	42	44,318	13	15,089	43	49,911
13	13,718	43	45,374	14	16,250	44	51,072
14	14,773	44	46,429	15	17,411	45	52,233
15	15,828	45	47,484	16	18,571	46	53,393
16	16,883	46	48,540	17	19,732	47	54,554
17	17,938	47	49,595	18	20,893	48	55,715
18	18,994	48	50,650	19	22,054	49	56,876
19	20,049	49	51,705	20	23,214	50	58,036
20	21,104	50	52,760	21	24,375	51	59,221
21	22,159	51	53,816	22	25,536	52	60,382
22	23,214	52	54,871	23	26,697	53	61,543
23	24,270	53	55,926	24	27,857	54	62,704
24	25,385	54	56,981	25	29,018	55	63,864
25	26,320	55	58,036	26	30,179	56	65,025
26	27,435	56	59,092	27	31,339	57	66,185
27	28,490	57	60,147	28	32,500	58	67,347
28	29,546	58	61,202	29	33,661	59	68,507
29	30,601	59	62,257	30	34,822	60	69,644
30	31,656	60	63,312	31	35,982	61	70,804
31	32,711	61	64,368	32	37,143	62	71,965
32	33,766	62	65,423	33	38,304	63	73,126
33	34,822	63	66,478	34	39,465	64	74,287
34	35,877	64	67,533	35	40,625	65	75,447
35	36,932	65	68,588	36	41,786	66	76,608
36	37,987	66	69,644	37	42,947	67	77,769
37	39,043	67	70,699	38	44,107	68	78,929
38	40,098	68	71,754	39	45,268	69	80,090
39	41,153	69	72,809	40	46,429	70	81,251

EN MÈTRES CARRÉS.

LARGEUR, 12 PIEDS.				LARGEUR, 13 PIEDS.			
Longueurs en pieds.	Mètres carrés.	Longueurs en pieds.	Mètres carrés.	Longueurs en pieds.	Mètres carrés.	Longueurs en pieds.	Mètres carrés.
12	15,195	42	53,182	13	17,833	43	58,986
13	16,461	43	54,449	14	19,205	44	60,358
14	17,727	44	55,715	15	20,576	45	61,729
15	18,994	45	56,981	16	21,948	46	63,101
16	20,260	46	58,247	17	23,321	47	64,473
17	21,526	47	59,513	18	24,692	48	65,845
18	22,792	48	60,780	19	26,064	49	67,217
19	24,059	49	62,946	20	27,435	50	68,588
20	25,325	50	63,312	21	28,807	51	69,960
21	26,591	51	64,578	22	30,179	52	71,332
22	27,857	52	65,845	23	31,551	53	72,704
23	29,124	53	67,108	24	32,922	54	74,086
24	30,390	54	68,377	25	34,295	55	75,457
25	31,656	55	69,643	26	35,666	56	76,829
26	32,922	56	70,909	27	37,038	57	78,111
27	34,189	57	72,176	28	38,409	58	79,483
28	35,455	58	73,442	29	39,781	59	80,854
29	36,721	59	74,708	30	41,153	60	82,306
30	37,987	60	75,975	31	42,525	61	83,678
31	39,254	61	77,241	32	43,896	62	85,050
32	40,520	62	78,507	33	45,268	63	86,421
33	41,786	63	79,774	34	46,640	64	87,793
34	43,052	64	81,040	35	48,012	65	89,164
35	44,318	65	82,306	36	49,384	66	90,536
36	45,585	66	83,572	37	50,755	67	91,908
37	46,851	67	84,839	38	52,127	68	93,279
38	48,117	68	86,105	39	53,499	69	94,651
39	49,384	69	87,371	40	54,871	70	96,023
40	50,650	70	88,637	41	56,242	71	97,396
41	51,916	71	89,904	42	57,614	72	98,767

ÉVALUATION DES SURFACES

Longueurs en pieds.	LARGEUR, 14 PIEDS. Mètres carrés.	Longueurs en pieds.	Mètres carrés.	Longueurs en pieds.	LARGEUR, 15 PIEDS. Mètres carrés.	Longueurs en pieds.	Mètres carrés.
14	20,682	44	65,000	15	23,742	45	71,226
15	22,159	45	66,478	16	25,325	46	72,809
16	23,637	46	67,955	17	26,908	47	74,392
17	25,114	47	69,132	18	28,490	48	75,975
18	26,591	48	70,910	19	30,073	49	77,558
19	28,068	49	72,387	20	31,656	50	79,140
20	29,546	50	73,865	21	33,239	51	80,723
21	31,023	51	75,342	22	34,822	52	82,306
22	32,500	52	76,819	23	36,405	53	83,889
23	33,978	53	78,296	24	37,987	54	85,472
24	35,456	54	79,774	25	39,570	55	87,055
25	36,932	55	81,251	26	41,153	56	88,637
26	38,409	56	82,728	27	42,736	57	90,220
27	39,887	57	84,206	28	44,318	58	91,803
28	41,364	58	85,683	29	45,901	59	93,386
29	42,841	59	87,160	30	47,484	60	94,969
30	44,318	60	88,637	31	49,067	61	96,551
31	45,796	61	90,115	32	50,650	62	98,134
32	47,273	62	91,592	33	52,233	63	99,717
33	48,750	63	93,069	34	53,815	64	101,300
34	50,228	64	94,546	35	55,398	65	102,883
35	51,705	65	96,023	36	56,981	66	104,465
36	53,182	66	97,501	37	58,564	67	106,048
37	54,659	67	98,978	38	60,147	68	107,631
38	56,137	68	100,456	39	61,729	69	109,214
39	57,614	69	101,933	40	63,312	70	110,797
40	59,091	70	103,410	41	64,895	71	112,380
41	60,569	71	104,888	42	66,478	72	113,962
42	62,046	72	106,365	43	68,061	73	115,545
43	63,523	73	107,842	44	69,643	74	117,128

EN MÈTRES CARRÉS.

Longueurs en pieds.	MÈTRES carrés.	Longueurs en pieds.	MÈTRES carrés.	Longueurs en pieds.	MÈTRES carrés.	Longueurs en pieds.	MÈTRES carrés.
LARGEUR, 16 PIEDS.				LARGEUR, 17 PIEDS.			
16	27,013	46	77,663	17	30,495	47	84,311
17	28,702	47	79,351	18	32,289	48	86,105
18	30,300	48	81,040	19	34,083	49	87,899
19	32,078	49	82,728	20	35,877	50	89,692
20	33,766	50	84,416	21	37,679	51	91,486
21	35,455	51	86,105	22	39,465	52	93,280
22	37,143	52	87,793	23	41,258	53	95,074
23	38,834	53	89,482	24	43,052	54	96,867
24	40,520	54	91,170	25	44,846	55	98,662
25	42,208	55	92,858	26	46,640	56	100,456
26	43,896	56	94,547	27	48,434	57	102,250
27	45,585	57	96,236	28	50,228	58	104,043
28	47,273	58	97,924	29	52,022	59	105,887
29	48,961	59	99,613	30	53,815	60	107,631
30	50,650	60	101,300	31	55,609	61	109,425
31	52,338	61	102,988	32	57,403	62	111,219
32	54,026	62	104,677	33	59,197	63	113,013
33	55,715	63	106,365	34	60,991	64	114,807
34	57,403	64	108,053	35	62,785	65	116,600
35	59,091	65	109,741	36	64,579	66	118,394
36	60,790	66	111,430	37	66,372	67	120,188
37	62,468	67	113,118	38	68,165	68	121,982
38	64,156	68	114,806	39	69,960	69	123,776
39	65,845	69	116,495	40	71,755	70	125,570
40	67,533	70	118,183	41	73,548	71	127,363
41	69,221	71	119,872	42	75,342	72	129,157
42	70,910	72	121,560	43	77,136	73	130,951
43	72,598	73	123,248	44	78,929	74	132,745
44	74,286	74	124,937	45	80,723	75	134,539
45	75,975	75	126,624	46	82,517	76	136,332

ÉVALUATION DES SURFACES

LARGEUR, 18 PIEDS.				LARGEUR, 19 PIEDS.			
Longueurs en pieds.	Mètres carrés.	Longueurs en pieds.	Mètres carrés.	Longueurs en pieds.	Mètres carrés.	Longueurs en pieds.	Mètres carrés.
18	34,189	48	91,170	19	38,093	49	98,240
19	36,088	49	93,069	20	40,098	50	100,244
20	37,987	50	94,969	21	42,103	51	102,249
21	39,888	51	96,868	22	44,107	52	104,254
22	41,786	52	98,767	23	46,112	53	106,259
23	43,685	53	100,667	24	48,117	54	108,263
24	45,585	54	102,566	25	50,122	55	110,269
25	47,484	55	104,465	26	52,127	56	112,274
26	49,384	56	106,365	27	54,132	57	114,279
27	51,283	57	108,264	28	56,137	58	116,284
28	53,182	58	110,163	29	58,142	59	118,289
29	55,082	59	112,063	30	60,147	60	120,294
30	56,981	60	113,962	31	62,151	61	122,298
31	58,880	61	115,862	32	64,156	62	124,303
32	60,780	62	117,761	33	66,161	63	126,308
33	62,679	63	119,660	34	68,166	64	128,313
34	64,579	64	121,560	35	70,171	65	130,317
35	66,478	65	123,459	36	72,176	66	132,322
36	68,377	66	125,359	37	74,181	67	134,327
37	70,277	67	127,258	38	76,186	68	136,332
38	72,176	68	129,157	39	78,191	69	138,336
39	74,075	69	131,057	40	80,196	70	140,342
40	75,975	70	132,956	41	82,200	71	142,346
41	77,874	71	134,855	42	84,205	72	144.351
42	79,774	72	136,755	43	86.210	73	146,356
43	81,673	73	138,654	44	88,215	74	148,361
44	83,572	74	140,554	45	90,220	75	150,366
45	85,472	75	142,453	46	92,225	76	152,371
46	87,371	76	144,352	47	94,230	77	154,376
47	89,270	77	146,252	48	96,235	78	156,381

EN MÈTRES CARRÉS.

LARGEUR, 20 PIEDS.				LARGEUR, 21 PIEDS.			
Longueurs en pieds.	Mètres carrés.	Longueurs en pieds.	Mètres carrés.	Longueurs en pieds.	Mètres carrés.	Longueurs en pieds.	Mètres carrés.
20	42,208	50	105,521	21	46,534	51	113,013
21	44,318	51	107,631	22	48,750	52	115,228
22	46,429	52	109,741	23	50,966	53	117,444
23	48,539	53	111,852	24	53,182	54	119,660
24	50,650	54	113,962	25	55,398	55	121,876
25	52,760	55	116,073	26	57,614	56	124,092
26	54,871	56	118,183	27	59,630	57	126,308
27	56,981	57	120,294	28	62,046	58	128,524
28	59,092	58	122,404	29	64,262	59	130,740
29	61,201	59	124,514	30	66,478	60	132,956
30	63,312	60	126,625	31	68,694	61	135,172
31	65,423	61	128,735	32	70,910	62	137,388
32	67,533	62	130,846	33	73,126	63	139,604
33	69,643	63	132,956	34	75,342	64	141,820
34	71,754	64	135,066	35	77,558	65	144,036
35	73,864	65	137,177	36	79,774	66	146,252
36	75,975	66	139,287	37	81,989	67	148,467
37	78,085	67	141,398	38	84,205	68	150,683
38	80,196	68	143,508	39	86,421	69	152,899
39	82,308	69	145,619	40	88,637	70	155,115
40	84,416	70	147,729	41	90,853	71	157,331
41	86,527	71	149,840	42	93,069	72	159,547
42	88,637	72	151,950	43	95,285	73	161,763
43	90,748	73	154,060	44	97,501	74	163,979
44	92,858	74	156,171	45	99,717	75	166,195
45	94,969	75	158,281	46	101,933	76	168,411
46	97,079	76	160,392	47	104,149	77	170,627
47	99,189	77	162,502	48	106,365	78	172,843
48	101,300	78	164,612	49	108,581	79	175,059
49	103,410	79	166,723	50	110,797	80	177,275

ÉVALUATION DES SURFACES

LARGEUR, 22 PIEDS.				LARGEUR, 23 PIEDS.		
Longueurs en pieds.	Mètres carrés.	Longueurs en pieds.	Mètres carrés.	Longueurs en pieds.	Mètres carrés.	Longueurs en pieds.	Mètres carrés.
22	51,072	52	120,716	23	55,820	53	128,620
23	53,393	53	123,037	24	58,247	54	131,047
24	55,715	54	125,359	25	60,674	55	133,474
25	58,036	55	127,680	26	63,101	56	135,901
26	60,358	56	130,001	27	65,528	57	138,328
27	62,679	57	132,323	28	67,955	58	140,755
28	65,001	58	134,644	29	70,382	59	143,181
29	67,322	59	136,966	30	72,809	60	145,619
30	69,644	60	139,287	31	75,236	61	148,046
31	71,965	61	141,609	32	77,663	62	150,473
32	74,287	62	143,930	33	80,090	63	152,899
33	76,608	63	146,252	34	82,517	64	155,326
34	78,929	64	148,573	35	84,944	65	157,753
35	81,251	65	150,895	36	87,371	66	160,180
36	83,572	66	153,216	37	89,798	67	162,607
37	85,894	67	155,538	38	92,225	68	165,034
38	88,215	68	157,859	39	94,652	69	167,461
39	90,537	69	160,180	40	97,079	70	169,898
40	92,858	70	162,502	41	99,506	71	172,325
41	95,180	71	164,823	42	101,933	72	174,752
42	97,501	72	167,145	43	104,360	73	177,179
43	99,823	73	169,466	44	106,787	74	179,606
44	102,144	74	171,788	45	109,214	75	182,033
45	104,466	75	174,109	46	111,641	76	184,460
46	106,787	76	176,431	47	114,068	77	186,886
47	109,108	77	178,752	48	116,485	78	189,313
48	111,430	78	181,074	49	118,912	79	191,740
49	113,751	79	183,395	50	121,339	80	194,167
50	116,073	80	185,716	51	123,766	81	196,594
51	118,394	81	188,038	52	126,193	82	199,021

EN MÈTRES CARRÉS.

Largeur, 24 pieds.				Largeur, 25 pieds.			
Longueurs en pieds.	Mètres carrés.	Longueurs en pieds.	Mètres carrés.	Longueurs en pieds.	Mètres carrés.	Longueurs en pieds.	Mètres carrés.
24	60,780	54	136,755	25	65,950	55	145,091
25	63,312	55	139,287	26	68,588	56	147,729
26	65,845	56	141,820	27	71,226	57	150,367
27	68,377	57	144,352	28	73,864	58	153,005
28	70,910	58	146,885	29	76,502	59	155,643
29	73,422	59	149,317	30	79,141	60	158,281
30	75,975	60	151,950	31	81,778	61	160,919
31	78,507	61	154,482	32	84,417	62	163,557
32	81,040	62	147,015	33	87,055	63	166,195
33	83,572	63	159,547	34	89,693	64	168,813
34	86,105	64	162,080	35	92,331	65	171,451
35	88,637	65	164,612	36	94,969	66	174,089
36	91,170	66	167,145	37	97,607	67	176,727
37	93,702	67	169,677	38	100,245	68	179,365
38	96,235	68	172,210	39	102,883	69	182,003
39	98,777	69	174,742	40	105,521	70	184,661
40	101,230	70	177,275	41	108,159	71	188,299
41	103,832	71	179,807	42	110,797	72	189,937
42	106,365	72	182,340	43	113,435	73	192,575
43	108,897	73	184,872	44	116,073	74	195,213
44	111,430	74	187,405	45	118,711	75	197,851
45	113,962	75	189,912	46	121,349	76	200,489
46	116,495	76	192,445	47	123,987	77	203,127
47	119,027	77	194,977	48	126,625	78	205,765
48	121,560	78	197,510	49	129,263	79	208,403
49	124,092	79	200,042	50	131,901	80	211,041
50	126,625	80	202,575	51	134,539	81	213,679
51	129,157	81	205,107	52	137,177	82	216,317
52	131,690	82	207,640	53	139,815	83	218,955
53	134,222	83	210,172	54	142,453	84	221,593

ÉVALUATION DES SURFACES

LARGEUR, 26 PIEDS.				LARGEUR, 27 PIEDS.			
Longueurs en pieds.	Mètres carrés.	Longueurs en pieds.	Mètres carrés.	Longueurs en pieds.	Mètres carrés.	Longueurs en pieds.	Mètres carrés.
26	71,332	56	153,618	27	76,925	57	162,396
27	74,076	57	156,362	28	79,774	58	165,245
28	76,809	58	159,105	29	82,623	59	168,094
29	79,562	59	161,849	30	85,472	60	170,923
30	82,306	60	164,612	31	88,321	61	173,772
31	85,050	61	167,356	32	91,170	62	176,621
32	87,793	62	170,099	33	94,019	63	179,470
33	90,537	63	172,843	34	96,868	64	182,319
34	93,280	64	175,586	35	99,717	65	185,168
35	96,024	65	178,330	36	102,566	66	188,017
36	98,767	66	181,074	37	105,415	67	190,866
37	101,511	67	183,817	38	108,264	68	193,715
38	104,254	68	186,561	39	111,113	69	196,564
39	106,998	69	189,130	40	113,962	70	199,434
40	109,742	70	192,048	41	116,811	71	202,283
41	112,485	71	194,791	42	119,660	72	205,132
42	115,229	72	197,535	43	122,510	73	207,981
43	117,972	73	200,278	44	125,359	74	210,830
44	120,596	74	203,023	45	128,208	75	213,679
45	123,439	75	205,765	46	131,057	76	216,519
46	126,183	76	208,509	47	133,906	77	219,360
47	128,926	77	211,251	48	136,755	78	222,290
48	131,670	78	213,995	49	139,604	79	225,140
49	134,413	79	216,739	50	142,453	80	227,924
50	137,157	80	219,482	51	145,301	81	230,774
51	139,900	81	222,226	52	148,151	82	233,624
52	142,644	82	224,969	53	151,000	83	236,473
53	145,387	83	227,713	54	153,849	84	239,322
54	148,131	84	230,456	55	156,698	85	242,171
55	150,875	85	233,200	56	159,547	86	245,020

EN MÈTRES CARRÉS.

LARGEUR, 28 PIEDS.				LARGEUR, 29 PIEDS.			
Longueurs en pieds.	Mètres carrés.	Longueurs en pieds.	Mètres carrés.	Longueurs en pieds.	Mètres carrés.	Longueurs en pieds.	Mètres carrés.
28	83,783	58	171,365	29	88,743	59	180,546
29	86,738	59	174,319	30	91,803	60	183,606
30	88,637	60	177,275	31	94,863	61	186,666
31	91,592	61	180,229	32	97,923	62	189,726
32	94,547	62	183,184	33	100,983	63	192,786
33	97,501	63	186,138	34	104,043	64	195,846
34	100,455	64	189,093	35	107,103	65	198,907
35	103,410	65	192,048	36	110,163	66	201,967
36	106,365	66	195,002	37	113,223	67	205,027
37	109,319	67	197,957	38	116,283	68	208,087
38	112,274	68	200,911	39	119,343	69	211,147
39	115,229	69	203,866	40	123,403	70	214,207
40	118,183	70	206,821	41	125,464	71	217,267
41	121,138	71	209,775	42	128,524	72	220,327
42	124,092	72	212,730	43	131,584	73	223,387
43	127,047	73	215,684	44	134,644	74	226,447
44	130,001	74	218,629	45	137,704	75	229,507
45	132,956	75	221,583	46	140,764	76	232,567
46	135,911	76	224,538	47	143,824	77	235,627
47	138,865	77	227,492	48	146,884	78	238,687
48	141,820	78	230,447	49	149,944	79	241,747
49	144,774	79	233,402	50	153,005	80	244,808
50	147,729	80	236,366	51	156,065	81	247,868
51	150,684	81	239,321	52	159,125	82	250,928
52	153,638	82	242,275	53	162,185	83	253,988
53	156,593	83	245,230	54	165,245	84	257,048
54	159,547	84	248,184	55	168,305	85	260,108
55	162,502	85	251,139	56	171,366	86	263,168
56	165,456	86	254,093	57	174,426	87	266,228
57	168,410	87	257,048	58	177,486	88	269,288

ÉVALUATION DES SURFACES EN MÈTRES CARRÉS.

LARGEUR, 30 PIEDS.				LARGEUR, 31 PIEDS.			
Longueurs en pieds.	Mètres carrés.	Longueurs en pieds.	Mètres carrés.	Longueurs en pieds.	Mètres carrés.	Longueurs en pieds.	Mètres carrés.
30	94,969	60	189,937	31	101,355	61	199,540
31	98,134	61	193,103	32	104,726	62	202,811
32	101,300	62	196,269	33	107,997	63	206,082
33	104,465	63	199,434	34	111,268	64	209,352
34	107,631	64	202,600	35	114,540	65	212,623
35	110,797	65	205,765	36	117,811	66	215,884
36	113,962	66	208,931	37	121,082	67	219,156
37	117,128	67	212,097	38	124,353	68	222,427
38	120,294	68	215,262	39	127,524	69	225,698
39	123,459	69	218,428	40	130,846	70	228,980
40	126,625	70	221,593	41	134,117	71	232,251
41	129,790	71	224,759	42	137,388	72	235,522
42	132,956	72	227,924	43	140,659	73	238,792
43	136,122	73	231,090	44	143,930	74	242,106
44	139,287	74	234,256	45	147,202	75	245,335
45	142,453	75	237,421	46	150,473	76	248,606
46	145,619	76	240,597	47	153,744	77	251,878
47	148,784	77	243,762	48	157,015	78	255,149
48	151,950	78	246,928	49	160,286	79	258,420
49	155,105	79	250,094	50	163,557	80	261,691
50	158,281	80	253,249	51	166,828	81	264,962
51	161,447	81	256,515	52	170,099	82	268,233
52	164,612	82	259,681	53	173,371	83	271,504
53	167,778	83	262,846	54	176,642	84	274,776
54	170,944	84	266,012	55	179,913	85	278,047
55	174,109	85	269,177	56	183,184	86	281,318
56	177,275	86	272,343	57	186,455	87	284,589
57	180,440	87	275,509	58	189,726	88	287,860
58	183,606	88	278,674	59	192,997	89	291,131
59	186,772	89	281,840	60	196,269	90	294,402

Évaluation des Toises carrées, Pieds carrés, Pouces carrés, Lignes carrées en Mètres carrés.

Nos.	TOISES carrées en mètres carrés.	PIEDS carrés en mètres carrés.	POUCES carrés en mètres carrés.	LIGNES carrées en mètres carrés.
1	3,798744	0,105521	0,00073278	0,000003089
2	7,597487	0,211041	0,00146556	0,000010178
3	11,596251	0,516562	0,00219834	0,000015267
4	15,194975	0,422085	0,00293112	0,000020356
5	18,973718	0,527604	0,00366590	0,000025445
6	22,792462	0,655124	0,00439668	0,000050554
7	26,591205	0,758645	0,00512946	0,000035625
8	30,589949	0,844166	0,00586224	0,000040712
9	34,188693	0,949686	0,00659502	0,000045801
10	57,787436	1,055207	0,00732780	0,000050890

Nota. Les multiples et sous-multiples du mètre étant, relativement à cette longueur, de dix en dix fois plus grands ou plus petits qu'elle, on peut, au moyen de la table ci-dessus, déterminer la valeur d'un certain nombre de toises carrées, pieds carrés, etc., en décamètres carrés, hectomètres carrés, kilomètres carrés, décimètres carrés, centimètres carrés, millimètres carrés, en se rappelant, pour les multiples, que le décamètre carré vaut 100 mètres carrés, que l'hectomètre carré vaut 100 décamètres carrés ou 10,000 mètres carrés, enfin que le kilomètre carré vaut 100 hectomètres carrés ou 10,000 décamètres carrés, ou enfin 1,000,000 de mètres carrés ; et pour les sous-multiples , que le décimètre carré est la centième partie du mètre carré ; le centimètre carré, la centième partie du décimètre carré, ou la dix-millième partie du mètre carré ; et enfin que le millimètre carré est la centième partie du centimètre carré, ou la dix-millième partie du décimètre carré, ou enfin la millionième partie du mètre carré. D'après cela, pour avoir la valeur d'une certaine quantité de toises en kilomètres carrés, il faudrait prendre la millionième partie de la valeur de ce nombre de toises exprimée en mètres carrés, c'est-à-dire reculer la virgule de 6 rangs vers la gauche.

Évaluation des Mesures de superficie anciennes en mesures nouvelles.

Nos	ARPENS eaux et forêts en hectares ou perches carrées en ares.	ARPENS de Paris en hectares ou perches carrées en ares.	LIEUES CARRÉES en myriamètres carrés.	en myriares.
1	0,51072	0,34189	0,1975269	19,75269
2	1,02144	0,68377	0,3950538	39,50538
3	1,53206	1,02566	0,5925807	59,25807
4	2,04288	1,36755	0,7901076	79,01076
5	2,55360	1,70943	0,9876345	98,76345
6	3,06452	2,05132	1,1851614	118,51614
7	3,57504	2,39321	1,3826883	138,26883
8	4,08776	2,73510	1,5802152	158,02152
9	4,59648	3,07698	1,7777421	177,77421
10	5,10720	3,41887	1,9752690	197,52690

Nota. L'arpent (eaux et forêts) vaut 100 perches carrées (de 22 pieds) ; l'arpent de Paris vaut 100 perches carrées (de 18 pieds) ; l'are vaut 100 mètres carrés.

Les lieues considérées dans ce tableau sont celles de 25 au degré. Le myriamètre carré vaut 100 myriares.

TARIF

POUR LA STÉRÉOMÉTRIE (SOLIVAGE)

DES BOIS DE CHARPENTE.

L'objet de ce tarif est d'exprimer en décistères (solive nouvelle) et parties décimales du décistère les volumes des bois de construction dont les dimensions sont déterminées en toises, pieds et pouces. Les nombres de la colonne intitulée LONGUEURS représentent des pieds. Les LARGEURS et ÉPAISSEURS sont exprimées en pouces ; une même *épaisseur* correspond à deux colonnes de *largeur*. Les colonnes intitulées DÉCISTÈRES indiquent les volumes correspondans à diverses dimensions données.

Ainsi, le nombre **1,942,** qui se trouve dans la deuxième colonne DÉCISTÈRES de la page 45, indique que le volume d'un bois de charpente dont la longueur serait 3 pieds, sa largeur étant 16 pouces et son épaisseur 17 pouces, est 1 décistère 942 millièmes de décistère.

Bien que spécialement rédigé pour la stéréométrie des bois équarris, ce tarif peut cependant aussi servir. moyennant une opération très-simple, à évaluer les volumes des bois méplats qui réuniraient deux des dimensions du tarif. Nous indiquerons par quelques exemples tout le parti qu'on peut en tirer et les différens cas qui peuvent se présenter dans son usage.

1. Supposons qu'il s'agisse de déterminer la stéréo-

métrie d'un madrier dont la longueur serait 22 pieds, la largeur 17 pouces, et l'épaisseur 16 pouces. Pour cela, on cherchera dans le tarif les épaisseurs de 16 pouces, et le nombre 22 dans la colonne des longueurs correspondante à cette épaisseur et à une largeur de 17 pouces. Le nombre de la colonne des décistères correspondant à ces trois dimensions sera le nombre cherché. On trouve ainsi, page 35, 22 de long sur 17 de largeur, et 16 d'épaisseur égale 14 décistères 244 millièmes de décistère. On obtiendra aussi facilement tous les volumes qui se trouvent calculés dans le tarif.

II. Déterminer le solivage d'un bois ayant 12 pieds 6 pouces de longueur sur 15 pouces de largeur et d'épaisseur.

Les colonnes de longueurs ne contenant que des pieds, pour déterminer le volume demandé, on cherchera celui d'un bois dont la longueur serait double, ou de 25 pieds; les largeur et épaisseur étant d'ailleurs les mêmes, on prendra la moitié du résultat, et on aura ainsi le volume cherché.

On trouve, en cherchant dans le tarif, le volume correspondant à une longueur de 25 pieds, sur largeur et épaisseur de 15 pouces, que ce volume est 13 décistères 390 millièmes de décistère; prenant la moitié de ce nombre, on a pour le solivage cherché du bois en question 6 décistères 695 millièmes de décistères.

III. Il peut arriver aussi que l'une des dimensions données ne soit pas une des dimensions du tarif. Que, par exemple, la longueur d'un bois soit de 47 pieds, sa largeur et son épaisseur étant de 20 pouces.

Le tarif ne contenant pas de longueur de 47 pieds, on diviserait le bois donné en deux parties qui, conservant chacune les largeur et épaisseur communes, 20 pouces, auraient pour longueur, l'une 45, l'autre 2 pieds. On chercherait, ainsi qu'il a été indiqué plus haut, le volume de chacune de ces parties, et la somme des deux volumes serait le **volume du bois** proposé d'abord.

Ainsi on a

45 pieds de long sur 20 p. de larg. et d'ép.—42,847

  2 pieds de long sur id.   — 1,904.

47 pieds de long sur id.   —44,751.

IV. Enfin il pourrait arriver, et ce serait alors le cas des bois méplats, que l'on ait à évaluer la stéréométrie d'un bois dont la longueur serait 17 pieds, la largeur étant 15 pouces et l'épaisseur 3 pouces.

Pour trouver ce volume, on chercherait d'abord dans le tarif le volume du bois équarri, ayant pour dimensions 7 pieds de longueur et 15 pouces de largeur et épaisseur. Ce volume trouvé, on en prendrait la cinquième partie, qui serait alors le volume du bois méplat en question.

Ainsi on a pour le volume dont les dimensions sont 17 pieds de long et 15 pouces de largeur et d'épaisseur 9 décistères 105 millièmes de décistères, dont le cinquième 1 décistère 825 millièmes de décistère représente le volume cherché.

Ce tarif, spécialement utile aux entrepreneurs et aux marchands de bois, pourrait être aussi employé avec quelque succès par les maçons et tailleurs de pierres ou de marbres.

STÉRÉOMÉTRIE

Longueurs en pieds.	ÉPAISSEUR 2 POUCES.				ÉPAISSEUR 3 POUCES.			
	Largeur.	Décistères.	Largeur.	Décistères.	Largeur.	Décistères.	Largeur.	Décistères.
1	2 POUCES.	0,010	3 POUCES.	0,014	3 POUCES.	0,021	4 POUCES.	0,029
2		0,019		0,029		0,043		0,057
3		0,029		0,043		0,064		0,086
4		0,038		0,057		0,086		0,114
5		0,048		0,071		0,107		0,143
6		0,057		0,086		0,129		0,171
7		0,067		0,100		0,150		0,200
8		0,076		0,114		0,171		0,229
9		0,086		0,128		0,193		0,257
10		0,095		0,143		0,214		0,286
11		0,105		8,157		0,236		0,314
12		0,114		0,171		0,257		0,343
13		0,124		0,186		0,279		0,371
14		0,133		0,200		0,300		0,400
15		0,143		0,214		0,321		0,428
16		0,152		0,228		0,343		0,457
17		0,162		0 243		0,364		0,486
18		0,171		0,257		0,386		0,514
19		0,181		9,271		0,407		0,543
20		0,191		0,286		0,428		0,571
21		0,201		0,300		0,450		0,600
22		0,210		0,314		0,471		0,628
23		0,220		0,328		0,493		0,657
24		0,229		0,343		0,514		0,686
25		0,239		0,357		0,536		0,714
26		0,248		0,371		0,557		0,743
27		0,258		0,385		0,578		0,771
28		0,267		0,400		0,600		0,799
29		0,277		0,414		0,621		0,828
30		0,286		0,428		0,643		0,857
35		0,334		0,500		0,750		1,000
40		0,382		0,571		0,857		1,143
45		0,430		0,643		0,964		1,285
50		0,478		0,714		1,071		1,428

DES BOIS DE CHARPENTE.

Longueurs en pieds.	ÉPAISSEUR 4 POUCES.				ÉPAISSEUR 5 POUCES.			
	Largeur.	Décistères.	Largeur.	Décistères.	Largeur.	Décistères.	Largeur.	Décistères.
	4 POUCES.		5 POUCES.		5 POUCES.		6 POUCES.	
1		0,038		0,048		0,060		0,071
2		0,076		0,095		0,119		0,143
3		0,114		0,143		0,179		0,213
4		0,152		0,190		0,238		0,286
5		0,190		0,238		0,298		0,357
6		0,229		0,286		0,357		0,428
7		0,267		0,333		0,417		0,500
8		0,305		0,381		0,476		0,571
9		0,343		0,428		0,536		0,643
10		0,381		0,476		0,595		0,714
11		0,419		0,524		0,655		0,786
12		0,457		0,571		0,714		0,857
13		0,495		0,619		0,774		0,928
14		0,533		0,667		0,833		1,000
15		0,571		0,714		0,893		1,071
16		0,609		0,762		0,952		1,143
17		0,647		0,809		1,012		1,214
18		0,686		0,857		1,071		1,285
19		0,724		0,905		1,131		1,357
20		0,762		0,952		1,190		1,428
21		0,800		1,000		1,250		1,500
22		0,838		1,047		1,309		1,571
23		0,875		1,095		1,369		1,642
24		0,914		1,143		1,428		1,714
25		0,952		1,190		1,488		1,785
26		0,990		1,238		1,547		1,857
27		1,028		1,286		1,607		1,928
28		1,066		1,333		1,666		1,999
29		1,104		1,381		1,726		2,071
30		1,143		1,428		1,785		2,142
35		1,334		1,666		2,083		2,699
40		1,523		1,904		2,380		2,856
45		1,711		2,143		2,678		3,213
50		1,904		2,389		2,975		3,570

STÉRÉOMÉTRIE

Longueurs en pieds.	ÉPAISSEUR 6 POUCES.				ÉPAISSEUR 7 POUCES.			
	Largeur.	Décistères.	Largeur.	Décistères.	Largeur.	Décistères.	Largeur.	Décistères.
	6 POUCES.		7 POUCES.		7 POUCES.		8 POUCES.	
1		0,086		0,100		0,117		0,133
2		0,171		0,200		0,233		0,267
3		0,257		0,300		0,350		0,400
4		0,343		0,400		0,467		0,533
5		0,428		0,500		0,583		0,667
6		0,514		0,600		0,700		0,800
7		0,600		0,700		0,816		0,933
8		0,686		0,800		0,933		1,066
9		0,771		0,900		1,050		1,200
10		0,857		1,000		1,166		1,333
11		0,943		1,100		1,283		1,466
12		1,028		1,200		1,400		1,600
13		1,114		1,300		1,516		1,733
14		1,200		1,400		1,633		1,866
15		1,285		1,500		1,750		2,000
16		1,371		1,600		1,866		2,133
17		1,457		1,700		1,983		2,266
18		1,542		1,800		2,099		2,399
19		1,628		1,900		2,216		2,533
20		1,714		2,000		2,333		2,666
21		1,800		2,100		2,449		2,799
22		1,885		2,200		2,566		2,933
23		1,971		2,299		2,683		3,066
24		2,057		2,399		2,799		3,199
25		2,142		2,499		2,916		3,333
26		2,228		2,599		3,033		3,466
27		2,314		2,699		3,149		3,599
28		2,399		2,799		3,266		3,732
29		2,485		2,899		3,383		3,866
30		2,571		2,999		3,499		3,999
35		2,990		3,499		4,082		4,666
40		3,428		3,999		4,666		5,332
45		3,856		4,499		5,449		5,999
50		4,285		4,999		5,832		6,665

DES BOIS DE CHARPENTE.

Longueurs en pieds.	ÉPAISSEUR 8 POUCES.				ÉPAISSEUR 9 POUCES.			
	Largeur. 8 POUCES.	Décistères.	Largeur. 9 POUCES.	Décistères.	Largeur. 9 POUCES.	Décistères.	Largeur. 10 POUCES.	Décistères.
1		0,152		0,171		0,193		0,214
2		0,305		0,343		0,386		0,428
3		0,557		0,514		0,578		0,643
4		0,609		0,686		0,771		0,857
5		0,762		0,857		0,964		1,071
6		0,914		1,028		1,157		1,285
7		1,066		1,200		1,350		1,500
8		1,219		1,371		1,542		1,714
9		1,371		1,542		1,735		1,928
10		1,523		1,714		1,928		2,142
11		1,676		1,885		2,121		2,357
12		1,828		2,057		2,314		2,571
13		1,980		2,228		2,507		2,785
14		2,133		2,399		2,699		2,999
15		2,285		2,571		2,892		3,213
16		2,437		2,742		3,085		3,428
17		2,590		2,914		3,278		3,642
18		2,742		3,085		3,471		3,856
19		2,894		3,256		3,673		4,070
20		3,047		3,428		3,856		4,285
21		3,199		3,599		4,049		4,499
22		3,352		3,771		4,242		4,713
23		3,504		3,942		4,435		4,927
24		3,656		4,113		4,627		5,142
25		3,809		4,285		4,820		5,356
26		3,961		4,456		5,013		5,570
27		4,113		4,627		5,206		5,784
28		4,266		4,799		5,399		5,998
29		4,418		4,969		5,591		6,213
30		4,570		5,141		5,784		6,427
35		5,332		5,999		6,748		7,498
40		6,094		6,855		7,712		8,569
45		6,855		7,712		8,676		9,641
50		7,617		8,569		9,640		10,712

STÉRÉOMÉTRIE

Longueurs en pieds.	ÉPAISSEUR 10 POUCES.				ÉPAISSEUR 11 POUCES.			
	Largeur. 10 POUCES.	Décistères.	Largeur. 11 POUCES.	Décistères.	Largeur. 11 POUCES.	Décistères.	Largeur. 12 POUCES.	Décistères.
1		0,238		0,262		0,288		0,314
2		0,476		0,524		0,576		0,628
3		0,714		0,786		0,864		0,943
4		0,952		1,047		1,152		1,257
5		1,190		1,309		1,440		1,571
6		1,428		1,571		1,728		1,885
7		1,566		1,833		2,016		2,199
8		1,904		2,095		2,304		2,514
9		2,142		2,357		2,592		2,828
10		2,380		2,618		2,880		3,142
11		2,618		2,880		3,168		3,456
12		2,856		3,142		3,456		3,771
13		3,094		3,404		3,744		4,085
14		3,323		3,666		4,032		4,399
15		3,571		3,928		4,320		4,713
16		3,809		4,189		4,608		5,027
17		4,047		4,451		4,896		5,342
18		4,285		4,713		5,184		5,656
19		4,573		4,975		5,472		5,970
20		4,761		5,237		5,760		6,284
21		4,999		5,499		6,049		6,598
22		5,237		5,760		6,337		6,913
23		5,475		6,022		6,625		7,227
24		5,753		6,284		6,913		7,541
25		5,901		6,546		7,201		7,855
26		6,139		6,808		7,489		8,169
27		6,377		7,070		7,777		8,482
28		6,615		7,332		8,065		8,798
29		6,853		7,593		8,353		9,112
30		7,141		7,855		8,641		9,426
35		8,331		9,164		10,081		10,997
40		9,521		10,474		11,521		12,568
45		10,712		11,783		12,961		14,139
50		11,902		13,092		14,401		15,710

DES BOIS DE CHARPENTE.

Longueur en pieds.	ÉPAISSEUR 12 POUCES.				ÉPAISSEUR 13 POUCES.			
	Largeur 12 pouces.	Décistères.	Largeur 13 pouces.	Décistères.	Largeur 13 pouces.	Décistères.	Largeur 14 pouces.	Décistères.
1		0,343		0,371		0,402		0,433
2		0,686		0,743		0,805		0,866
3		1,028		1,114		1,207		1,300
4		1,371		1,485		1,609		1,733
5		1,714		1,857		2,011		2,166
6		2,057		2,228		2,414		2,599
7		2,399		2,599		2,816		3,033
8		2,742		2,971		3,218		3,466
9		3,085		3,342		3,621		3,899
10		3,428		3,713		4,023		4,332
11		3,771		4,085		4,425		4,765
12		4,113		4,456		4,827		5,199
13		4,456		4,827		5,230		5,632
14		4,799		5,199		5,632		6,065
15		5,142		5,570		6,034		6,498
16		5,484		5,941		6,437		6,932
17		5,827		6,313		6,839		7,365
18		6,170		6,684		7,241		7,798
19		6,513		7,055		7,643		8,231
20		6,855		7,427		8,045		8,665
21		7,198		7,798		8,448		9,098
22		7,541		8,169		8,850		9,531
23		7,884		8,541		9,252		9,964
24		8,227		8,912		9,655		10,397
25		8,569		9,283		10,057		10,831
26		8,912		9,655		10,459		11,264
27		9,255		10,026		10,862		11,697
28		9,597		10,397		11,264		12,130
29		9,939		10,769		11,666		12,564
30		10,283		11,140		12,068		13,997
35		11,997		12,997		14,080		15,163
40		13,711		14,853		16,091		17,329
45		15,425		16,710		18,103		19,495
50		17,139		18,567		20,124		21,661

STÉRÉOMÉTRIE

Longueur en pieds.	ÉPAISSEUR 14 POUCES.				ÉPAISSEUR 15 POUCES.			
	Largeur.	Décistères.	Largeur.	Décistères.	Largeur.	Décistères.	Largeur.	Décistères
	14 POUCES.		15 POUCES.		15 POUCES.		16 POUCES.	
1		0,467		0,500		0,536		0,571
2		0,933		1,000		1,071		1,143
3		1,400		1,500		1,607		1,714
4		1,866		2,000		2,142		2,285
5		2,333		2,499		2,678		2,856
6		2,799		2,999		3,213		3,428
7		3,266		3,499		3,749		3,999
8		3,732		3,999		4,285		4,570
9		4,199		4,499		4,820		5,142
10		4,566		4,999		5,356		5,713
11		5,132		5,499		5,891		6,284
12		5,599		5,999		6,427		6,855
13		6,065		6,498		6,963		7,427
14		6,532		6,998		7,498		7,998
15		6,998		7,498		8,024		8,569
16		7,464		7,998		8,569		9,141
17		7,931		8,498		9,105		9,712
18		8,398		8,998		9,640		10,283
19		8,864		9,498		10,176		10,854
20		9,331		9,998		10,712		11,426
21		9,798		10,497		11,247		11,997
22		10,264		10,997		11,783		12,568
23		10,731		11,497		12,318		13,140
24		11,197		11,997		12,756		13,711
25		11,664		12,497		13,390		14,282
26		12,130		12,997		13,925		14,853
27		12,597		13,497		14,461		15,425
28		13,063		13,997		14,996		15,996
29		13,530		14,496		15,532		16,567
30		13,997		14,996		16,067		17,139
35		16,320		17,496		18,843		19,995
40		18,662		19,995		21,423		22,852
45		20,995		22,494		24,101		25,708
50		23,328		24,994		26,779		28,564

DES BOIS DE CHARPENTE.

Longueurs en pieds.	ÉPAISSEUR 16 POUCES.				ÉPAISSEUR 17 POUCES.			
	Largeur. 16 POUCES.	Décistères.	Largeur. 17 POUCES.	Décistères.	Largeur. 17 POUCES.	Décistères.	Largeur. 18 POUCES.	Décistères.
1		0,609		0,647		0,688		0,728
2		1,219		1,295		1,376		1,457
3		1,828		1,942		2,064		2,185
4		2,437		2,590		2,752		2,914
5		3,047		3,237		3,440		3,642
6		3,656		3,885		4,126		4,370
7		4,266		4,532		4,815		5,099
8		4,875		5,180		5,503		5,827
9		5,484		5,827		6,191		6,556
10		6,094		6,475		6,879		7,284
11		6,703		7,122		7,567		8,012
12		7,312		7,769		8,255		8,741
13		7,922		8,416		8,943		9,469
14		8,531		9,064		9,631		10,197
15		9,141		9,712		10,319		10,926
16		9,710		10,359		11,007		11,654
17		10,359		11,007		11,695		12,383
18		10,969		11,654		12,382		13,111
19		11,578		12,302		13,071		13,839
20		12,187		12,949		13,759		14,568
21		12,797		13,597		14,446		15,296
22		13,405		14,244		15,134		16,025
23		14,016		14,892		15,822		16,753
24		14,625		15,539		16,510		17,481
25		15,234		16,186		17,186		18,210
26		15,844		16,834		17,886		18,938
27		16,453		17,481		18,574		19,667
28		17,062		18,129		19,262		20,395
29		17,672		18,776		19,950		21,123
30		18,281		19,424		20,638		21,852
35		21,328		22,661		24,077		25,494
40		24,375		25,898		27,517		29,136
45		27,422		29,136		30,957		32,778
50		30,469		32,373		34,396		36,420

STÉRÉOMÉTRIE

Longueurs en pieds.	ÉPAISSEUR 18 POUCES.				ÉPAISSEUR 19 POUCES.			
	Largeur. 18 POUCES.	Décistères.	Largeur. 19 POUCES.	Décistères.	Largeur. 19 POUCES.	Décistères.	Largeur. 20 POUCES.	Décistères.
1		0,771		0,814		0,859		0,905
2		1,542		1,628		1,719		1,809
3		2,314		2,442		2,578		2,714
4		3,085		3,256		3,437		3,618
5		3,856		4,070		4,297		4,523
6		4,627		4,885		5,156		5,427
7		5,399		5,699		6,015		6,332
8		6,170		6,513		6,874		7,236
9		6,941		7,327		7,734		8,141
10		7,712		8,141		8,593		9,045
11		8,484		8,955		9,452		9,950
12		9,955		9,769		10,312		10,854
13		10,026		10,583		11,171		11,759
14		10,797		11,397		12,030		12,664
15		11,569		12,211		12,890		13,568
16		12,340		13,025		13,749		14,473
17		13,111		13,839		14,608		15,377
18		13,882		14,653		15,468		16,282
19		14,654		15,468		16,327		17,186
20		15,425		16,282		17,186		18,091
21		16,196		17,096		18,046		18,995
22		16,967		17,910		18,905		19,900
23		17,738		18,724		19,764		20,804
24		18,510		19,538		20,623		21,709
25		19,281		20,352		21,482		22,613
26		20,052		21,166		22,342		23,518
27		20,823		21,980		23,201		24,423
28		21,595		22,794		24,061		25,327
29		22,366		23,608		24,920		26,232
30		23,137		24,423		25,779		27,136
35		26,993		28,493		30,076		31,659
40		30,850		32,563		34,372		36,182
45		34,706		36,634		38,669		40,704
50		38,562		40,704		42,966		45,227

DES BOIS DE CHARPENTE.

Longueurs en pieds.	ÉPAISSEUR 20 POUCES.				ÉPAISSEUR 21 POUCES.			
	Largeur. 20 POUCES.	Décistères.	Largeur. 21 POUCES.	Décistères.	Largeur. 21 POUCES.	Décistères.	Largeur. 22 POUCES.	Décistères
1		0,952		0,999		1,050		1,100
2		1,904		1,998		2,099		2,199
3		2,856		2,996		3,149		3,299
4		3,809		3,995		4,199		4,399
5		4,761		4.994		5,249		5,499
6		5,713		5,993		6,298		6,598
7		6,665		6,992		7,348		7,698
8		7,617		7,990		8,398		8,798
9		8,569		8,989		9,448		9,897
10		9,521		9,988		10,497		10,997
11		10,474		10,987		11,547		12,097
12		11,426		11,985		12,597		13,197
13		12,378		12,984		13,647		14,296
14		13,330		13,983		14,696		15,396
15		14,282		14,982		15,746		16,496
16		15,234		15,980		16,796		17,595
17		16,187		16,979		17,846		18,695
18		17,139		17,978		18,895		19,795
19		18,091		18,977		19,945		20,895
20		19,043		19,976		20,995		21,994
21		19,995		20,974		22,045		23,094
22		20,947		21,973		23,094		24,194
23		21,899		22,972		24,144		25,294
24		22,852		23,971		25,194		26,393
25		23,804		24,970		26,244		27,493
26		24,756		25,968		27,293		28,593
27		25,708		26,967		28,343		29,693
28		26,660		27,966		29,393		30,792
29		27,612		28,965		30,443		31,892
30		28,564		29,964		31,492		32,992
35		33,325		34,958		36,741		38,490
40		38,086		39,953		41,990		43,989
45		42,847		44,945		47,238		49,487
50		47,607		49,939		52,487		54,986

Evaluation des anciennes mesures cubiques
en mètres cubes.

Nes.	TOISES CUBES EN MÈTRES CUBES.	PIEDS CUBES EN MÈTRES CUBES.	POUCES CUBES EN MÈTRES CUBES.
1	7,40389	0,034277	0,00001984
2	14,80778	0,068554	0,00003967
3	22,21167	0,102832	0,00005951
4	29,61556	0,137109	0,00007935
5	37,01945	0,171386	0,00009918
6	44,42334	0,205664	0,00011902
7	51,82723	0,239941	0,00013885
8	59,23112	0,274218	0,00015869
9	66,63501	0,308495	0,00017853
10	74,03890	0,342773	0,00019836

NOTA. Le myriamètre cube vaut 1000 kilomètres cubes; le kilomètre cube 1000 hectomètres cubes; l'hectomètre cube 1000 décamètres cubes; le décamètre cube 1000 mètres cubes; le mètre cube 1000 décimètres cubes; le décimètre cube 1000 centimètres cubes; le centimètre cube 1000 millimètres cubes.

Nes.	CORDE DE BOIS EAUX-ET-FORÊTS EN STÈRES.	VOIE DE PARIS EN STÈRES.	SOLIVES EN DÉCISTÈRES.
1	3,8391	1,9195	1,02832
2	7,6781	3,8390	2,05664
3	11,5172	5,7585	3,08496
4	15,3562	7,6781	4,11328
5	19,1953	9,5975	5,14160
6	23,0343	11,5172	6,16992
7	26,8734	13,4366	7,19824
8	30,7124	15,3562	8,22656
9	34,5515	17,2756	9,25488
10	38,3905	19,1953	10,28320

TARIF

DES COMPTES FAITS.

Les comptes faits sont de la plus grande utilité, et servent à résoudre immédiatement une foule de questions qui se représentent à chaque instant dans les divers usages de la vie.

Ainsi, au moyen de ce tarif, l'ouvrier qui travaille soit à la journée, soit à l'heure, soit à la pièce, le débitant qui vend soit au mètre, soit au kilogramme, ou au litre, peuvent, ainsi que le fabricant qui fait travailler et le consommateur qui achète, connaître, sans avoir recours à aucun calcul préalable, ce qu'ils doivent recevoir ou débourser pour une quantité déterminée d'ouvrage ou de marchandises.

Quelques applications donneront une idée des nombreux usages auxquels il peut être employé.

1. Un ouvrier a fait dans une semaine 75 heures de travail, à raison de 35 centimes par heure ; quelle est la somme qu'il doit toucher pour prix de son travail ?

On cherche dans le tarif la colonne qui donne les prix à 35 centimes, et en prenant le nombre correspondant au nombre 75 de la colonne n°°, on trouve pour le résultat cherché 26 fr. 25 c. : donc l'ouvrier en question doit toucher 26 fr. 25 c.

2. On demande combien coûteront 27 kilogram-

mes de beurre, sachant que le kilogramme vaut 1 fr. 85 c.

On trouve page (59) la colonne des prix à 1 fr. 85 c., mais le nombre 37 ne se trouve pas dans la colonne n^{es}; alors, pour faire usage du tarif, on divise 37 en deux parties dont chacune s'y trouve comprise (ce qui est toujours possible pour les nombres moindres que 1000). Ainsi, si on le divise en 25 et 12, on obtient le résultat cherché en additionnant les sommes trouvées pour chacun de ces nombres, on a en opérant ainsi qu'il a été dit :

Prix de 25 kilogrammes	égale	46 fr. 25 c.
Prix de 12 id.	égale	22 fr. 20 c.
Prix de 37 id.	égale	68 fr. 45 c.

3. Déterminer le prix de 17 mètres d'étoffe à 7 fr. 75 c. le mètre.

Les prix à 7 fr. 75 c. ne se trouvant pas directement dans le tarif, on divise 7,75 en 7 et 75 ; on prend dans le tarif, page ( ) le prix de 17 mètres à 7 fr., et ensuite, page (54) celui de 17 mètres à 75 c., les deux sommes ajoutées ensemble donnent la réponse à la question proposée, on a donc :

à 7 fr.	le prix de 17 mètres est	119 fr.
à 0 ,75 c.	id.	17 mètres est	12, 75 c.
à 7 ,75 c.	id.	17 mètres est	131, 75 c.

Nota. Si le prix du mètre eût été à 7 fr. 50 c , on eût pu prendre les prix des 17 mètres à 7 et à 8 fr., et la moitié de la somme des deux résultats trouvés aurait donné la somme cherchée.

4. On demande de déterminer le prix de 45 hecto-litres de vin, l'hectolitre coûtant 17 fr. 75 c.

Dans ce cas, qui du reste ne se présente que rarement, on ne trouve ni le nombre 45 dans la colonne n^{es}, ni les prix à 17 fr. 75 c. On peut cependant se servir du tarif pour répondre à cette question, au moyen d'une double décomposition; d'abord on décompose 45 en 20 plus 25, on décompose ensuite le prix 17 fr. 75 c. en 17 fr. et en 75 c.

On a ainsi :

à 17 fr.	25 hectolitres	valent	425 fr.
à 0 , 75 c.	25	id.	valent	18,75 c.
à 17 fr.	20	id.	valent	340 fr.
à 0 , 75 c.	20	id.	valent	15 fr.
Donc à 17 ,75 c.	45	id.	valent	798, 75c.

Bien que des différents cas qui se sont présentés dans les applications ci-dessus, le premier, c'est-à-dire celui dans lequel les prix et les nombres proposés se trouvent immédiatement dans le tarif, soit celui qui se présente le plus fréquemment, nous avons cru devoir les citer tous, afin que l'on sache au besoin la manière de les traiter.

COMPTES FAITS

Nes.	A 5 cent.		A 10 cent.		A 15 cent.		A 20 cent.		A 25 cent.	
1	0	5	0	10	0	15	0	20	0	25
2	0	10	0	20	0	30	0	40	0	50
3	0	15	0	30	0	45	0	60	0	75
4	0	20	0	40	0	60	0	80	1	»
5	0	25	0	50	0	75	1	»	1	25
6	0	30	0	60	0	90	1	20	1	50
7	0	35	0	70	1	5	1	40	1	75
8	0	40	0	80	1	20	1	60	2	»
9	0	45	0	90	1	35	1	80	2	25
10	0	50	1	»	1	50	2	»	2	50
11	0	55	1	10	1	65	2	20	2	75
12	0	60	1	20	1	80	2	40	3	»
13	0	65	1	30	1	95	2	60	3	25
14	0	70	1	40	2	10	2	80	3	50
15	0	75	1	50	2	25	3	»	3	75
16	0	80	1	60	2	40	3	20	4	»
17	0	85	1	70	2	55	3	40	4	25
18	0	90	1	80	2	70	3	60	4	50
19	0	95	1	90	2	85	3	80	4	75
20	1	»	2	»	3	»	4	»	5	»
21	1	5	2	10	3	15	4	20	5	25
22	1	10	2	20	3	30	4	40	5	50
23	1	15	2	30	3	45	4	60	5	75
24	1	20	2	40	3	60	4	80	6	»
25	1	25	2	50	3	75	5	»	6	25
50	2	50	5	»	7	50	10	»	12	50
75	3	75	7	50	11	25	15	»	18	75
100	5	»	10	»	15	»	20	»	25	»
200	10	»	20	»	30	»	40	»	50	»
300	15	»	30	»	45	»	60	»	75	»
400	20	»	40	»	60	»	80	»	100	»
500	25	»	50	»	75	»	100	»	125	»
1000	50	»	100	»	150	»	200	»	250	»

COMPTES FAITS

Nos.	A 30 cent.		A 35 cent.		A 40 cent.		A 45 cent.		A 50 cent.	
1	0	30	0	35	0	40	0	45	0	50
2	0	60	0	70	0	80	0	90	1	»
3	0	90	1	5	1	20	1	35	1	50
4	1	20	1	40	1	60	1	80	2	»
5	1	50	1	75	2	»	2	25	2	50
6	1	80	2	10	2	40	2	70	3	»
7	2	10	2	45	2	80	3	15	3	50
8	2	40	2	80	3	20	3	60	4	»
9	2	70	3	15	3	60	4	5	4	50
10	3	»	3	50	4	»	4	50	5	»
11	3	30	3	85	4	40	4	95	5	50
12	3	60	4	20	4	80	5	40	6	»
13	3	90	4	55	5	20	5	85	6	50
14	4	20	4	90	5	60	6	30	7	»
15	4	50	5	25	6	»	6	75	7	50
16	4	80	5	60	6	40	7	20	8	»
17	5	10	5	95	6	80	7	65	8	50
18	5	40	6	30	7	20	8	10	9	»
19	5	70	6	65	7	60	8	55	9	50
20	6	»	7	»	8	»	9	»	10	»
21	6	30	7	35	8	40	9	45	10	50
22	6	60	7	70	8	60	9	90	11	»
23	6	90	8	5	9	»	10	35	11	50
24	7	20	8	40	9	20	10	80	12	»
25	7	50	8	75	9	60	11	25	12	50
50	15	»	17	50	10	»	22	50	25	»'
75	22	50	26	25	30	»	33	75	37	50
100	30	»	35	»	40	»	45	»	50	»
200	60	»	70	»	80	»	90	»	100	»
300	90	»	105	»	120	»	135	»	150	»
400	120	»	140	»	160	»	180	»	200	»
500	150	»	175	»	200	»	225	»	250	»
1000	300	»	350	»	400	»	450	»	500	»

COMPTES FAITS

N^os.	A 55 cent.		A 60 cent.		A 65 cent.		A 70 cent.		A 75 cent.	
1	0	55	0	60	0	65	0	70	0	75
2	1	10	1	20	1	30	1	40	1	50
3	1	65	1	80	1	95	2	10	2	25
4	2	20	2	40	2	60	2	80	3	»
5	2	75	3	»	3	25	3	50	3	75
6	3	30	3	60	3	90	4	20	4	50
7	3	85	4	20	4	55	4	90	5	25
8	4	40	4	80	5	20	5	60	6	»
9	4	95	5	40	5	85	6	30	6	75
10	5	50	6	»	6	50	7	»	7	50
11	6	5	6	60	7	15	7	70	8	25
12	5	60	7	20	7	80	8	40	9	»
13	7	15	7	80	8	45	9	10	9	75
14	7	70	8	40	9	10	9	80	10	50
15	8	25	9	»	9	75	10	50	11	25
16	8	80	9	60	10	40	11	20	12	»
17	9	35	10	20	11	5	11	90	12	75
18	9	90	10	80	11	70	12	60	13	50
19	10	45	11	40	12	35	13	30	14	25
20	11	»	12	»	13	»	14	»	15	»
21	11	55	12	60	13	65	14	70	15	75
22	12	10	13	20	14	30	15	40	16	50
23	12	65	13	80	14	95	16	10	17	25
24	13	20	14	40	15	60	16	80	18	»
25	13	75	15	»	16	25	17	50	18	75
50	27	50	30	»	32	50	35	»	37	50
75	41	25	45	»	48	75	52	50	56	25
100	55	»	60	»	65	»	70	»	75	»
200	110	»	120	»	130	»	140	»	150	»
300	165	»	180	»	195	»	210	»	225	»
400	220	»	240	»	260	»	280	»	300	»
500	275	»	300	»	325	»	350	»	375	»
1000	550	»	600	»	650	»	700	»	750	»

COMPTES FAITS

N^{os}.	A 80 cent.		A 85 cent.		A 90 cent.		A 95 cent.		A 1 franc.	
1	0	80	0	85	0	90	0	95	1	»
2	1	60	1	70	1	80	1	90	2	»
3	2	40	2	55	2	70	2	85	3	»
4	3	20	3	40	3	60	3	80	4	»
5	4	»	4	25	4	50	4	75	5	»
6	4	80	5	10	5	40	5	70	6	»
7	5	60	5	95	6	30	6	65	7	»
8	6	40	6	80	7	20	7	60	8	»
9	7	20	7	65	8	10	8	55	9	»
10	8	»	8	50	9	»	9	50	10	»
11	8	80	9	35	9	90	10	45	11	»
12	9	60	10	20	10	80	11	40	12	»
13	10	40	11	5	11	70	12	35	13	»
14	11	20	11	90	12	60	13	30	14	»
15	12	»	12	75	13	50	14	25	15	»
16	12	80	13	60	14	40	15	20	16	»
17	13	60	14	45	15	30	16	15	17	»
18	14	40	15	30	16	20	17	10	18	»
19	15	20	16	15	17	10	18	5	19	»
20	16	»	17	»	18	»	19	»	20	»
21	16	80	17	85	18	90	19	95	21	»
22	17	60	18	70	19	80	20	90	22	»
23	18	40	19	55	20	70	21	85	23	»
24	19	20	20	40	21	60	22	80	24	»
25	20	»	21	25	22	50	23	75	25	»
50	40	»	42	50	45	»	47	50	50	»
75	60	»	63	75	67	50	71	25	75	»
100	80	»	85	»	90	»	95	»	100	»
200	160	»	170	»	180	»	190	»	200	»
300	240	»	255	»	270	»	285	»	300	»
400	320	»	340	»	360	»	380	»	400	»
500	400	»	425	«	450	»	475	»	500	»
1000	800	»	850	»	900	»	950	»	1000	»

COMPTES FAITS

N^{es}.	A 1 f. 05 c.		A 1 fr. 10 c.		A 1 fr. 15 c.		A 1 fr. 20 c.		A 1 fr. 25 c.	
1	1	05	1	10	1	15	1	20	1	25
2	2	10	2	20	2	30	2	40	2	50
3	3	15	3	30	3	45	3	60	3	75
4	4	20	4	40	4	60	4	80	5	»
5	5	25	5	50	5	75	6	»	6	25
6	6	30	6	60	6	90	7	20	7	50
7	7	35	7	70	8	05	8	40	8	75
8	8	40	8	80	9	20	9	60	10	»
9	9	45	9	90	10	35	10	80	11	25
10	10	50	11	»	11	50	12	»	12	50
11	11	55	12	10	12	65	13	20	13	75
12	12	60	13	20	13	80	14	40	15	»
13	13	65	14	30	14	95	15	60	16	25
14	14	70	15	40	16	10	16	80	17	50
15	15	75	16	50	17	25	18	»	18	75
16	16	80	17	60	18	40	19	20	20	»
17	17	85	18	70	19	55	20	40	21	25
18	18	90	19	80	20	70	21	60	22	50
19	19	95	20	90	21	85	22	80	23	75
20	21	»	22	»	23	»	24	»	25	»
21	22	5	23	10	24	15	25	20	26	25
22	23	10	24	20	25	30	26	40	27	50
23	24	15	25	30	26	45	27	60	28	75
24	25	20	26	40	27	60	28	80	30	»
25	26	25	27	50	28	75	30	»	31	25
50	52	50	55	»	57	50	60	»	62	50
75	78	75	82	50	86	25	90	»	93	75
100	105	»	110	»	115	»	120	»	125	»
200	210	»	220	»	230	»	240	»	250	»
300	315	»	330	»	345	»	360	»	375	»
400	420	»	440	»	460	»	480	»	500	»
500	525	»	550	»	575	»	600	»	625	»
1000	1050	»	1100	»	1150	»	1200	»	1250	»

COMPTES FAITS

N°ˢ.	A 1 f. 30 c.		A 1 fr. 35 c.		A 1 fr. 40 c.		A 1 fr. 45 c.		A 1 fr. 50 c.	
1	1	30	1	35	1	40	1	45	1	50
2	2	60	2	70	2	80	2	90	3	»
3	3	90	4	05	4	20	4	35	4	50
4	5	20	5	40	5	60	5	80	6	»
5	6	50	6	75	7	»	7	25	7	50
6	7	80	8	10	8	40	8	70	9	»
7	9	10	9	45	9	80	10	15	10	50
8	10	40	10	80	11	20	11	60	12	»
9	11	70	12	15	12	60	13	05	13	50
10	13	»	13	50	14	»	14	50	15	»
11	14	30	14	85	15	40	15	95	16	50
12	15	60	16	20	16	80	17	40	18	»
13	16	90	17	55	18	20	18	85	19	50
14	18	20	18	90	19	60	20	30	21	»
15	19	50	20	25	21	»	21	75	22	50
16	20	80	21	60	22	40	23	20	24	»
17	22	10	22	95	23	80	24	65	25	50
18	23	40	24	30	25	20	26	10	27	»
19	24	70	25	65	26	60	27	55	28	50
20	26	»	27	«	28	»	29	»	30	»
21	27	30	28	35	29	40	30	45	31	50
22	28	60	29	70	30	80	31	90	33	»
23	29	90	31	05	32	20	33	35	34	50
24	31	20	32	40	33	60	34	80	36	»
25	32	50	33	75	35	»	36	25	37	50
50	65	»	67	50	70	»	72	50	75	»
75	97	50	101	25	105	»	108	75	112	50
100	130	»	135	»	140	»	145	»	150	»
200	260	»	270	»	280	»	290	»	300	»
300	390	»	405	»	420	»	435	»	450	»
400	520	»	540	»	560	»	580	»	600	»
500	650	»	675	»	700	»	725	»	750	»
1000	1300	»	1350	»	1400	»	1450	»	1500	»

COMPTES FAITS

N.os	A 1 f. 55 c.		A 1 fr. 60 c.		A 1 fr. 65 c.		A 1 fr. 70 c.		A 1 fr. 75 c.	
1	1	55	1	60	1	65	1	70	1	75
2	3	10	3	20	3	30	3	40	3	50
3	4	65	4	80	4	95	5	10	5	25
4	6	20	6	40	6	60	6	80	7	»
5	7	75	8	»	8	25	8	50	8	75
6	9	30	9	60	9	90	10	20	10	50
7	10	85	11	20	11	55	11	90	12	25
8	12	40	12	80	13	20	13	60	14	»
9	13	95	14	40	14	85	15	30	15	75
10	15	50	16	»	16	50	17	»	17	50
11	17	05	17	60	18	15	18	70	19	25
12	18	60	19	20	19	80	20	40	21	»
13	20	15	20	80	21	45	22	10	22	75
14	21	70	22	40	23	10	23	80	24	50
15	23	25	24	»	24	75	25	50	26	25
16	24	80	25	60	26	40	27	20	28	»
17	26	35	27	20	28	05	28	90	29	75
18	27	90	28	80	29	70	30	60	31	50
19	29	45	30	40	31	35	32	30	33	25
20	31	»	32	»	33	»	34	»	35	»
21	32	55	33	60	34	65	35	70	36	75
22	34	10	35	20	36	30	37	40	38	50
23	35	65	36	80	37	95	39	10	40	25
24	37	20	38	40	39	60	40	80	42	»
25	38	75	40	»	41	25	42	50	43	75
50	77	50	80	»	82	50	85	»	87	50
75	116	25	120	»	123	75	127	50	131	25
100	155	»	160	»	165	»	170	»	175	»
200	310	»	320	»	330	»	340	»	350	»
300	465	»	480	»	495	»	510	»	525	»
400	620	»	640	»	660	»	680	»	700	»
500	775	»	800	»	825	»	850	»	875	»
1000	1550	»	1600	»	1650	»	1700	»	1750	»

COMPTES FAITS

N^{os}.	A 1 f. 80 c.		A 1 fr. 85 c.		A 1 fr. 90 c.		A 1 fr. 95 c.		A 2 francs.	
1	1	80	1	85	1	90	1	95	2	»
2	3	60	3	70	3	80	3	90	4	»
3	5	40	5	55	5	70	5	85	6	»
4	7	20	7	40	7	60	7	80	8	»
5	9	»	9	25	9	50	9	75	10	»
6	10	80	11	10	11	40	11	70	12	»
7	12	60	12	95	13	30	13	65	14	»
8	14	40	14	80	15	20	15	60	16	»
9	16	20	16	65	17	10	17	55	18	»
10	18	»	18	50	19	»	19	50	20	»
11	19	80	20	35	20	90	21	45	22	»
12	21	60	22	20	22	80	23	40	24	»
13	23	40	24	05	24	70	25	35	26	»
14	25	20	25	90	26	60	27	30	28	»
15	27	»	27	75	28	50	29	25	30	»
16	28	80	29	60	30	40	31	20	32	»
17	30	60	31	45	32	30	33	15	34	»
18	32	40	33	30	34	20	35	10	36	»
19	34	20	35	15	36	10	37	05	38	»
20	36	»	37	»	38	»	39	»	40	»
21	37	80	38	85	39	90	40	95	42	»
22	39	60	40	70	41	80	42	90	44	»
23	41	40	42	55	43	70	44	85	46	»
24	43	20	44	40	45	60	46	80	48	»
25	45	»	46	25	47	50	48	75	50	»
50	90	»	92	50	95	»	97	50	100	»
75	135	»	138	75	142	50	146	25	150	»
100	180	»	185	»	190	»	195	»	200	»
200	360	»	370	»	380	»	390	»	400	»
300	540	»	555	»	570	»	585	»	600	»
400	720	»	740	»	760	»	780	»	800	»
500	900	»	925	»	950	»	975	»	1000	»
1000	1800	»	1850	»	1900	»	1950	»	2000	»

COMPTES FAITS

N^{es}.	A 2 f. 05 c.		A 2 fr. 10 c.		A 2 fr. 15 c.		A 2 fr. 20 c.		A 2 fr. 25 c.	
1	2	05	2	10	2	15	2	20	2	25
2	4	10	4	20	4	30	4	40	4	50
3	6	15	6	30	6	45	6	60	6	75
4	8	20	8	40	8	60	8	80	9	»
5	10	25	10	50	10	75	11	»	11	25
6	12	30	12	60	12	90	13	20	13	50
7	14	35	14	70	15	05	15	40	15	75
8	16	40	16	80	17	20	17	60	18	»
9	18	45	18	90	19	35	19	80	20	25
10	20	50	21	»	21	50	22	»	22	50
11	22	55	23	10	23	65	24	20	24	75
12	24	60	25	20	25	80	26	40	27	»
13	26	65	27	30	27	95	28	60	29	25
14	28	70	29	40	30	10	30	80	31	50
15	30	75	31	50	32	25	33	»	33	75
16	32	80	33	60	34	40	35	20	36	»
17	34	85	35	70	36	55	37	40	38	25
18	36	90	37	80	38	70	39	60	40	50
19	38	95	39	90	40	85	41	80	42	75
20	41	»	42	»	43	»	44	»	45	»
21	43	05	44	10	45	15	46	20	47	25
22	45	10	46	20	47	30	48	40	49	50
23	47	15	48	30	49	45	50	60	51	75
24	49	20	50	40	51	60	52	80	54	»
25	51	25	52	50	53	75	55	»	56	25
50	102	50	105	»	107	50	110	»	112	50
75	153	75	157	50	161	25	165	»	168	75
100	205	»	210	»	215	»	220	»	225	»
200	410	»	420	»	430	»	440	»	450	»
300	615	»	630	»	645	»	660	»	675	»
400	820	»	840	»	860	»	880	»	900	»
500	1025	»	1050	»	1075	»	1100	»	1125	»
1000	2050	»	2100	»	2150	»	2200	»	2250	»

COMPTES FAITS

Nos.	A 2 f. 30 c.		A 2 fr. 35 c.		A 2 fr. 40 c.		A 2 fr. 45 c.		A 2 fr. 50 c.	
1	2	30	2	35	2	40	2	45	2	50
2	4	60	4	70	4	80	4	90	5	»
3	6	90	7	05	7	20	7	35	7	50
4	9	20	9	40	9	60	9	80	10	»
5	11	50	11	75	12	»	12	25	12	50
6	13	80	14	10	14	40	14	70	15	»
7	16	10	16	45	16	80	17	15	17	50
8	18	40	18	80	19	20	19	60	20	»
9	20	70	21	15	21	60	22	05	22	50
10	23	»	23	50	24	»	24	50	25	»
11	25	30	25	85	26	40	26	95	27	50
12	27	60	28	20	28	80	29	40	30	»
13	29	90	30	55	31	20	31	85	32	50
14	32	20	32	90	33	60	34	30	35	»
15	34	50	35	25	36	»	36	75	37	50
16	36	80	37	60	38	40	39	20	40	»
17	39	10	39	95	40	80	41	65	42	50
18	41	40	42	30	43	20	44	10	45	»
19	43	70	44	65	45	60	46	55	47	50
20	46	»	47	«	48	»	49	»	50	»
21	48	30	49	35	50	40	51	45	52	50
22	50	60	51	70	52	80	53	90	55	»
23	52	90	54	05	55	20	56	35	57	50
24	55	20	56	40	57	60	58	80	60	»
25	57	50	58	75	60	»	61	25	62	50
50	115	»	117	50	120	»	122	50	125	»
75	172	50	176	25	180	»	183	75	187	50
100	230	»	235	»	240	»	245	»	250	»
200	460	»	470	»	480	»	490	»	500	»
300	690	»	705	»	720	»	735	»	750	»
400	920	»	940	»	960	»	980	»	1000	»
500	1150	»	1175	»	1200	»	1225	»	1250	»
1000	2300	»	2350	»	2400	»	2450	»	2500	»

COMPTES FAITS

N^{es}.	A 2 f. 55 c.		A 2 fr. 60 c.		A 2 fr. 65 c.		A 2 fr. 70 c.		A 2 fr. 75 c.	
1	2	55	2	60	2	65	2	70	2	75
2	5	10	5	20	5	30	5	40	5	50
3	7	65	7	80	7	95	8	10	8	25
4	10	20	10	40	10	60	10	80	11	»
5	12	75	13	»	13	25	13	50	13	75
6	15	30	15	60	15	90	16	20	16	50
7	17	85	18	20	18	55	18	90	19	25
8	20	40	20	80	21	20	21	60	22	»
9	22	95	23	40	23	85	24	30	24	75
10	25	50	26	»	26	50	27	»	27	50
11	28	05	28	60	29	15	29	70	30	25
12	30	60	31	20	31	80	32	40	33	»
13	33	15	33	80	34	45	35	10	35	75
14	35	70	36	40	37	10	37	80	38	50
15	38	25	39	»	39	75	40	50	41	25
16	40	80	41	60	42	40	43	20	44	»
17	43	35	44	20	45	05	45	90	46	75
18	45	90	46	80	47	70	48	60	49	50
19	48	45	49	40	50	35	51	30	52	25
20	51	»	52	»	53	»	54	»	55	»
21	53	55	54	60	55	65	56	70	57	75
22	56	10	57	20	58	30	59	40	60	50
23	58	65	59	80	60	95	62	10	63	25
24	61	20	62	40	63	60	64	80	66	»
25	63	75	65	»	66	25	67	50	68	75
50	127	50	130	»	132	50	135	»	137	50
75	191	25	195	»	198	75	202	50	206	25
100	255	»	260	»	265	»	270	»	275	»
200	510	»	520	»	530	»	540	»	550	»
300	765	»	780	»	795	»	810	»	825	»
400	1020	»	1040	»	1060	»	1080	»	1100	»
500	1275	»	1300	»	1325	»	1350	»	1375	»
1000	2550	»	2600	»	2650	»	2700	»	2750	»

COMPTES FAITS

N^{es}.	A 2f. 80 c.		A 2 fr. 85 c.		A 2 fr. 90 c.		A 2 fr. 95 c.		A 3 francs.	
1	2	80	2	85	2	90	2	95	3	»
2	5	60	5	70	5	80	5	90	6	»
3	8	40	8	55	8	70	8	85	9	»
4	11	20	11	40	11	60	11	80	12	»
5	14	»	14	25	14	50	14	75	15	»
6	16	80	17	10	17	40	17	70	18	»
7	19	60	19	95	20	30	20	65	21	»
8	22	40	22	80	23	20	23	60	24	»
9	25	20	25	65	26	10	26	55	27	»
10	28	»	28	50	29	»	29	50	30	»
11	30	80	31	35	31	90	32	45	33	»
12	33	60	34	20	34	80	35	40	36	»
13	36	40	37	05	37	70	38	35	39	»
14	39	20	39	90	40	60	41	30	42	»
15	42	»	42	75	43	50	44	25	45	»
16	44	80	45	60	46	40	47	20	48	»
17	47	60	48	45	49	30	50	15	51	»
18	50	40	51	30	52	20	53	10	54	»
19	53	20	54	15	55	10	56	05	57	»
20	56	»	57	»	58	»	59	»	60	»
21	58	80	59	85	60	90	61	95	63	»
22	61	60	62	70	63	80	64	90	66	»
23	64	40	65	55	66	70	67	85	69	»
24	67	20	68	40	69	60	70	80	72	»
25	70	»	71	25	72	50	73	75	75	»
50	140	»	142	50	145	»	147	50	150	»
75	210	»	213	75	217	50	221	25	225	»
100	280	»	285	»	290	»	295	»	300	»
200	560	»	570	»	580	»	590	»	600	»
300	840	»	855	»	870	»	885	»	900	»
400	1120	»	1140	»	1160	»	1180	»	1200	»
500	1400	»	1425	»	1450	»	1475	»	1500	»
1000	2800	»	2850	»	2900	»	2950	»	3000	»

COMPTES FAITS

Nos.	A 3 f. 05 c.		A 3 fr. 10 c.		A 3 fr. 15 c.		A 3 fr. 20 c.		A 3 fr. 25 c.	
1	3	05	3	10	3	15	3	20	3	25
2	6	10	6	20	6	30	6	40	6	50
3	9	15	9	30	9	45	9	60	9	75
4	12	20	12	40	12	60	12	80	13	»
5	15	25	15	50	15	75	16	»	16	25
6	18	30	18	60	18	90	19	20	19	50
7	21	35	21	70	22	05	22	40	22	75
8	24	40	24	80	25	20	25	60	26	»
9	27	45	27	90	28	35	28	80	29	25
10	30	50	31	»	31	50	32	»	32	50
11	33	55	34	10	34	65	35	20	35	75
12	36	60	37	20	37	80	38	40	39	»
13	39	65	40	30	40	95	41	60	42	25
14	42	70	43	40	44	10	44	80	45	50
15	45	75	46	50	47	25	48	»	48	75
16	48	80	49	60	50	40	51	20	52	»
17	51	85	52	70	53	55	54	40	55	25
18	54	90	55	80	56	70	57	60	58	50
19	57	95	58	90	59	85	60	80	61	75
20	61	»	62	»	63	»	64	»	65	»
21	64	05	65	10	66	15	67	20	68	25
22	67	10	68	20	69	30	70	40	71	50
23	70	15	71	30	72	45	73	60	74	75
24	73	20	74	40	75	60	76	80	78	»
25	76	25	77	50	78	75	80	»	81	25
50	152	50	155	»	157	50	160	»	162	50
75	228	75	232	50	236	25	240	»	243	75
100	305	»	310	»	315	»	320	»	325	»
200	610	»	620	»	630	»	640	«	650	»
300	915	»	930	»	945	»	960	»	975	»
400	1220	»	1240	»	1260	»	1280	»	1300	»
500	1525	»	1550	»	1575	»	1600	»	1625	»
1000	3050	»	3100	»	3150	«	3200	»	3250	

COMPTES FAITS

N^{os}.	A 3 f. 30 c.		A 3 fr. 35 c.		A 3 fr. 40 c.		A 3 fr. 45 c.		A 3 fr. 50 c.	
1	3	30	3	35	3	40	3	45	3	50
2	6	60	6	70	6	80	6	90	7	»
3	9	90	10	05	10	20	10	35	10	50
4	13	20	13	40	13	60	13	80	14	»
5	16	50	16	75	17	»	17	25	17	50
6	19	80	20	10	20	40	20	70	21	»
7	23	10	23	45	23	80	24	15	24	50
8	26	40	26	80	27	20	27	60	28	»
9	29	70	30	15	30	60	31	05	31	50
10	33	»	33	50	34	»	34	50	35	»
11	36	30	36	85	37	40	37	95	38	50
12	39	69	40	20	40	80	41	40	42	»
13	42	90	43	55	44	20	44	85	45	50
14	46	20	46	90	47	60	48	30	49	»
15	49	50	50	25	51	»	51	75	52	50
16	52	80	53	60	54	40	55	20	56	»
17	56	10	56	95	57	80	58	65	59	50
18	59	40	60	30	61	20	62	10	63	»
19	62	70	63	65	64	60	65	55	66	50
20	66	»	67	»	68	»	69	»	70	»
21	69	30	70	35	71	40	72	45	73	50
22	72	60	73	70	74	80	75	90	77	»
23	75	90	77	05	78	20	79	35	80	50
24	79	20	80	40	81	60	83	80	84	»
25	82	50	83	75	85	»	86	25	87	50
50	165	»	167	50	170	»	172	50	175	»
75	247	50	251	25	255	»	258	75	262	50
100	330	»	335	»	340	»	345	»	350	»
200	660	»	670	»	680	»	690	»	700	»
300	990	»	1005	»	1020	»	1035	»	1050	»
400	1320	»	1340	»	1360	»	1380	»	1400	»
500	1650	»	1675	»	1700	»	1725	»	1750	»
1000	3300	»	3350	»	3400	»	3450	»	3500	»

COMPTES FAITS

N^{es}.	A 3 f. 55 c.		A 3 fr. 60 c.		A 3 fr. 65 c.		A 3 fr. 70 c.		A 3 fr. 75 c.	
1	3	55	3	60	3	65	3	70	3	75
2	7	10	7	20	7	30	7	40	7	50
3	10	65	10	80	10	95	11	10	11	25
4	14	20	14	40	14	60	14	80	15	»
5	17	75	18	»	18	25	18	50	18	75
6	21	30	21	60	21	90	22	20	22	50
7	24	85	25	20	25	55	25	90	26	25
8	28	40	28	80	29	20	29	60	30	»
9	31	95	32	40	32	85	33	30	33	75
10	35	50	36	»	36	50	37	»	37	50
11	39	05	39	60	40	15	40	70	41	25
12	42	60	43	20	43	80	44	40	45	»
13	46	15	46	80	47	45	48	10	48	75
14	49	70	50	40	51	10	51	80	52	50
15	53	25	54	»	54	75	55	50	56	25
16	56	80	57	60	58	40	59	20	60	»
17	60	35	61	20	62	05	62	90	63	75
18	63	90	64	80	65	70	66	60	67	50
19	67	45	68	40	69	35	70	30	71	25
20	71	»	72	»	73	»	74	»	75	»
21	74	55	75	60	76	65	77	70	78	75
22	78	10	79	20	80	30	81	40	82	50
23	81	65	82	80	83	95	85	10	86	25
24	85	20	86	40	87	60	88	80	90	»
25	88	75	90	»	91	25	92	50	93	75
50	177	50	180	»	182	50	185	»	187	50
75	266	25	270	»	273	75	277	50	281	25
100	355	»	360	»	365	»	370	»	375	»
200	710	»	720	»	730	»	740	»	750	»
300	1065	»	1080	»	1095	»	1110	»	1125	»
400	1420	»	1440	»	1460	»	1480	»	1500	»
500	1775	»	1800	»	1825	»	1850	»	1875	»
1000	3550	»	3600	»	3650	»	3700	»	3750	»

COMPTES FAITS

Nᵒˢ.	A 3 f. 80 c.		A 3 fr. 85 c.		A 3 fr. 90 c.		A 2 fr. 95 c.		A 4 francs	
1	3	80	3	85	3	90	3	95	4	»
2	7	60	7	70	7	80	7	90	8	»
3	11	40	11	55	11	70	11	85	12	»
4	15	20	15	40	15	60	15	80	16	»
5	19	»	19	25	19	50	19	75	20	»
6	22	80	23	10	23	40	23	70	24	»
7	26	60	26	95	27	30	27	65	28	»
8	30	40	30	80	31	20	31	60	32	»
9	34	20	34	65	35	10	35	55	36	»
10	38	»	38	50	39	»	39	50	40	»
11	41	80	42	35	42	90	43	45	44	»
12	45	60	46	20	46	80	47	40	48	»
13	49	40	50	05	50	70	51	35	52	»
14	53	20	53	90	54	60	55	30	56	»
15	57	»	57	75	58	50	59	25	60	»
16	60	80	61	60	62	40	63	20	64	»
17	64	60	65	45	66	30	67	15	68	»
18	68	40	69	30	70	20	71	10	72	»
19	72	20	73	15	74	10	75	05	76	»
20	76	»	77	»	78	»	79	»	80	»
21	79	80	80	85	81	90	82	95	84	»
22	83	60	84	70	85	80	86	90	88	»
23	87	40	88	55	89	70	90	85	92	»
24	91	20	92	40	93	60	94	80	96	»
25	95	»	96	25	97	50	98	75	100	»
50	190	»	192	50	195	»	197	50	200	»
75	285	»	288	75	292	50	296	25	300	»
100	380	»	385	»	390	»	395	»	400	»
200	760	»	770	»	780	»	790	»	800	»
300	1140	»	1155	»	1170	»	1185	»	1200	»
400	1520	»	1540	»	1560	»	1580	»	1600	»
500	1900	»	1925	»	1950	»	1975	»	2000	»
1000	3800	»	3850	»	3900	»	3950	»	4000	»

COMPTES FAITS

Nᵉˢ.	A 4 f. 05 c.		A 4 fr. 10 c.		A 4 fr. 15 c.		A 4 fr. 20 c.		A 4 fr. 25 c.	
1	4	05	4	10	4	15	4	20	4	25
2	8	10	8	20	8	30	8	40	8	50
3	12	15	12	30	12	45	12	60	12	75
4	16	20	16	40	16	60	16	80	17	»
5	20	25	20	50	20	75	21	»	21	25
6	24	30	24	60	24	90	25	20	25	50
7	28	35	28	70	29	05	29	40	29	75
8	32	40	32	80	33	20	33	60	34	»
9	36	45	36	90	37	35	37	80	38	25
10	40	50	41	»	41	50	42	»	42	50
11	44	55	45	10	45	65	46	20	46	75
12	48	60	49	20	49	80	50	40	51	»
13	52	65	53	30	53	95	54	60	55	25
14	56	70	57	40	58	10	58	80	59	50
15	60	75	61	50	62	25	63	»	63	75
16	64	80	65	60	66	40	67	20	68	»
17	68	85	69	70	70	55	71	40	72	25
18	72	90	73	80	74	70	75	60	76	50
19	76	95	77	90	78	85	79	80	80	75
20	81	»	82	»	83	»	84	»	85	»
21	85	05	86	10	87	15	88	20	89	25
22	89	10	90	20	91	30	92	40	93	50
23	93	15	94	30	95	45	96	60	97	75
24	97	20	98	40	99	60	100	80	102	»
25	101	25	102	50	103	75	105	»	106	25
50	202	50	205	»	207	50	210	»	212	50
75	303	75	307	50	311	25	315	»	318	75
100	405	»	410	»	415	»	420	»	425	»
200	810	»	820	»	830	»	840	»	850	»
300	1215	»	1230	»	1245	»	1260	»	1275	»
400	1620	»	1640	»	1660	»	1680	»	1700	»
500	2025	»	2050	»	2075	»	2100	»	2125	»
1000	4050	»	4100	»	4150	»	4200	»	4250	»

COMPTES FAITS.

Nos.	A 4 f. 30 c.		A 4 fr. 35 c.		A 5 fr. 40 c.		A 4 fr. 45 c.		A 4 fr. 50 c.	
1	4	30	4	35	4	40	4	45	4	50
2	8	60	8	70	8	80	8	90	9	»
3	12	90	13	05	13	20	13	35	13	50
4	17	20	17	40	17	60	17	80	18	»
5	21	50	21	75	22	»	22	25	22	50
6	25	80	26	10	26	40	26	70	27	»
7	30	10	30	45	30	80	31	15	31	50
8	34	40	34	80	35	20	35	60	36	»
9	38	70	39	15	39	60	40	05	40	50
10	43	»	43	50	44	»	44	50	45	»
11	47	30	47	85	48	40	48	95	49	50
12	51	60	52	20	52	80	53	40	54	»
13	55	90	56	55	57	20	57	85	58	50
14	60	20	60	90	61	60	62	30	63	»
15	64	50	65	25	66	»	66	75	67	50
16	68	80	69	60	70	40	71	20	72	»
17	73	10	73	95	74	80	75	65	76	50
18	77	40	78	30	79	20	80	10	81	»
19	81	70	82	65	83	60	84	55	85	50
20	86	»	87	»	88	»	89	»	90	»
21	90	30	91	35	92	40	93	45	94	50
22	94	60	95	70	96	80	97	90	99	»
23	98	90	100	05	101	20	102	35	103	50
24	103	20	104	40	105	60	106	80	108	»
25	107	50	108	75	110	»	111	25	112	50
50	215	»	217	50	220	»	222	50	225	»
75	322	50	326	25	330	»	333	75	337	50
100	430	»	435	»	440	»	445	»	450	»
200	860	»	870	»	880	»	890	»	900	»
300	1290	»	1305	»	1320	»	1335	»	1350	»
400	1720	»	1740	»	1760	»	1780	»	1800	»
500	2150	»	2175	»	2200	»	2225	»	2250	»
1000	4300	»	4350	»	4400	»	4450	»	4500	»

COMPTES FAITS

N^{os}.	A 4 f. 55 c.		A 4 fr. 60 c.		A 4 fr. 65 c.		A 4 fr. 70 c.		A 4 fr. 75 c.	
1	4	55	4	60	4	65	4	70	4	75
2	9	10	9	20	9	30	9	40	9	50
3	13	65	13	80	13	95	14	10	14	25
4	18	20	18	40	18	60	18	80	19	»
5	22	75	23	»	23	25	23	50	23	75
6	27	30	27	60	27	90	28	20	28	50
7	31	85	32	20	32	55	32	90	33	25
8	36	40	36	80	37	20	37	60	38	»
9	40	95	41	40	41	85	42	30	42	75
10	45	50	46	»	46	50	47	»	47	50
11	50	05	50	60	51	15	51	70	52	25
12	54	60	55	20	55	80	56	40	57	»
13	59	15	59	80	60	45	61	10	61	75
14	63	70	64	40	65	10	65	80	66	50
15	68	25	69	»	69	75	70	50	71	25
16	72	80	73	60	74	40	75	20	76	»
17	77	35	78	20	79	05	79	90	80	75
18	81	90	82	80	83	70	84	60	85	50
19	86	45	87	40	88	35	89	30	90	25
20	91	»	92	»	93	»	94	»	95	»
21	95	55	96	60	97	65	98	70	99	75
22	100	10	101	20	102	30	103	40	104	50
23	104	65	105	80	106	95	108	10	109	25
24	109	20	110	40	111	60	112	80	114	»
25	113	75	115	»	116	25	117	50	118	75
50	227	50	230	»	232	50	235	»	237	50
75	341	25	345	»	348	75	352	50	356	25
100	455	»	460	»	465	»	470	»	475	»
200	910	»	920	»	930	»	940	»	950	»
300	1365	»	1380	»	1395	»	1410	»	1425	»
400	1820	»	1840	»	1860	»	1880	»	1900	»
500	2275	»	2300	»	2325	»	2350	»	2375	»
1000	4550	»	4600	»	4650	»	4700	»	4750	»

COMPTES FAITS

Nᵉˢ.	A 4 f. 80 c.		A 4 fr. 85 c.		A 4 fr. 90 c.		A 4 fr. 95 c.		A 5 francs.	
1	4	80	4	85	4	90	4	95	5	»
2	9	60	9	70	9	80	9	90	10	»
3	14	40	14	55	14	70	14	85	15	»
4	19	20	19	40	19	60	19	80	20	»
5	24	»	24	25	24	50	24	75	25	»
6	28	80	29	10	29	40	29	70	30	»
7	33	60	33	95	34	30	34	65	35	»
8	38	40	38	80	39	20	39	60	40	»
9	43	20	43	65	44	10	44	55	45	»
10	48	»	48	50	49	»	49	50	50	»
11	52	80	53	35	53	90	54	45	55	»
12	57	60	58	20	58	80	59	40	60	»
13	62	40	63	05	63	70	64	35	65	»
14	67	20	67	90	68	60	69	30	70	»
15	72	»	72	75	73	50	74	25	75	»
16	76	80	77	60	78	40	79	20	80	»
17	81	60	82	45	83	30	84	15	85	»
18	86	40	87	30	88	20	89	10	90	»
19	91	20	92	15	93	10	94	05	95	»
20	96	»	97	»	98	»	99	»	100	»
21	100	80	101	85	102	90	103	95	105	»
22	105	60	106	70	107	80	108	90	110	»
23	109	40	111	55	112	70	113	85	115	»
24	115	20	116	40	117	60	118	80	120	»
25	120	»	121	25	122	50	123	75	125	»
50	240	»	242	50	245	»	247	50	250	»
75	360	»	363	75	367	50	371	25	375	»
100	480	»	485	»	490	»	495	»	500	»
200	960	»	970	»	980	»	990	»	1000	»
300	1440	»	1455	»	1470	»	1485	»	1500	»
400	1920	»	1940	»	1960	»	1980	»	2000	»
500	2400	»	2425	»	2450	»	2475	»	2500	»
1000	4800	»	4850	»	4900	»	4950	»	5000	»

COMPTES FAITS

Nᵉˢ.	A 6 fr.	A 7 francs.	A 8 francs.	A 9 francs.	A 10 franc.
1	6	7	8	9	10
2	12	14	16	18	20
3	18	21	24	27	30
4	24	28	32	36	40
5	30	35	40	45	50
6	36	42	48·	54	60
7	42	49	56	63	70
8	48	56	64	72	80
9	54	63	72	81	90
10	60	70	80	90	100
11	66	77	88	99	110
12	72	84	96	108	120
13	78	91	104	117	130
14	84	98	112	126	140
15	90	105	120	135	150
16	96	112	128	144	160
17	102	119	136	153	170
18	108	126	144	162	180
19	114	133	152	171	190
20	120	140	160	180	200
21	126	147	168	189	210
22	132	154	176	198	220
23	138	161	184	207	230
24	144	168	192	216	240
25	150	175	200	225	250
50	300	350	400	450	500
75	450	525	600	675	750
100	600	700	800	900	1000
200	1200	1400	1600	1800	2000
300	1800	2100	2400	2700	3000
400	2400	2800	3200	3600	4000
500	3000	3500	4000	4500	5000
1000	6000	7000	8000	9000	10000

COMPTES FAITS

Nᶜˢ.	A 11 fr.	A 12 francs.	A 13 francs.	A 14 francs.	A 15 francs.
1	11	12	13	14	15
2	22	24	26	28	30
3	33	36	39	42	45
4	44	48	52	56	60
5	55	60	65	70	75
6	66	72	78	84	90
7	77	84	91	98	105
8	88	96	104	112	120
9	99	108	117	126	135
10	110	120	130	140	150
11	121	132	143	154	165
12	132	144	156	168	180
13	143	156	169	182	195
14	154	168	182	196	210
15	165	180	195	210	225
16	176	192	208	224	240
17	187	204	221	238	255
18	198	216	234	252	270
19	209	228	247	266	285
20	220	240	260	280	300
21	231	252	273	294	315
22	242	264	286	308	330
23	253	276	299	322	345
24	264	288	302	336	360
25	275	300	325	350	375
50	550	600	650	700	750
75	825	900	975	1050	1125
100	1100	1200	1300	1400	1500
200	2200	2400	2600	2800	3000
300	3300	3600	3900	4200	4500
400	4400	4800	5200	5600	6000
500	5500	6000	6500	7000	7500
1000	11000	12000	13000	14000	15000

COMPTES FAITS

Nes.	A 16 fr.	A 17 francs.	A 18 francs.	A 19 francs.	A 20 francs.
1	16	17	18	19	20
2	32	34	36	38	40
3	48	51	54	57	60
4	64	68	72	76	80
5	80	85	90	95	100
6	96	102	108	114	120
7	112	119	126	133	140
8	128	136	144	152	160
9	144	153	162	171	180
10	160	170	180	190	200
11	176	187	198	209	220
12	192	204	216	228	240
13	208	221	234	247	260
14	224	238	252	266	280
15	240	255	270	285	300
16	256	272	288	304	320
17	272	289	306	323	340
18	288	306	324	342	360
19	304	323	342	361	380
20	320	340	350	380	400
21	336	357	378	399	420
22	352	374	396	418	440
23	368	391	414	437	460
24	384	408	432	456	480
25	400	425	450	475	500
50	800	850	900	950	1000
75	1200	1275	1350	1425	1500
100	1600	1700	1800	1900	2000
200	3200	3400	3600	3800	4000
300	4800	5100	5400	5700	6000
400	6400	6800	7200	7600	8000
500	8000	8500	9000	9500	10000
1000	16000	17000	18000	19000	20000

CONSTRUCTION

DES

NOUVELLES MESURES.

Les considérations suivantes, extraites de l'ordonnance royale du 16 juin 1839, feront connaître exactement toutes les mesures métriques dont l'usage est autorisé par la loi du 4 juillet 1837, et les conditions de construction auxquelles chacune d'elles doit satisfaire pour être légalement employée dans le commerce.

MESURES DE LONGUEUR.

Noms des mesures : Double décamètre, — décamètre, — demi-décamètre, — double mètre, — mètre, — demi-mètre, — double décimètre, — décimètre.

Ces mesures devront être construites en métal, en bois ou autre matière solide.

Elles pourront être établies dans la forme qui conviendra le mieux aux usages auxquels elles sont destinées.

Indépendamment des mesures d'une seule pièce, il est permis de faire des mesures brisées, pourvu que le nombre de leurs parties soit deux, cinq ou dix.

Les mesures devront être construites avec solidité.

Des garnitures en métal devront être adaptées aux extrémités des mesures en bois, du mètre, de son double et de sa moitié.

Les divisions en centimètres ou millimètres devront être exactes, déliées, d'équerre avec la longueur de la mesure.

Le nom propre à chaque mesure sera gravé sur la face supérieure de la mesure, qui devra porter aussi le nom ou la marque du fabricant.

Le décamètre, son double et sa moitié, construits en forme de chaîne, devront avoir des chaînes d'une force suffisante et de la longueur de deux ou de cinq décimètres; les anneaux, à chaque mètre, seront exécutés avec un métal d'une couleur différente de celui employé pour les anneaux.

MESURES DE CAPACITÉ POUR LES MATIÈRES SÈCHES.

Noms des mesures : Hectolitre, — demi-hectolitre, — double décalitre, — décalitre, — demi-décalitre, — double litre, — litre, — demi-litre, — double décilitre, — décilitre, — demi-décilitre.

Les mesures de capacité pour les matières sèches devront être construites dans la forme cylindrique, et auront intérieurement le diamètre égal à la hauteur.

Les mesures en bois ne pourront être faites qu'en bois de chêne ; elles devront être établies avec solidité dans toutes leurs parties.

Pour les mesures qui seront garnies intérieurement de potences ou autres corps saillans, la hauteur sera augmentée proportionnellement au volume de ces objets.

Les mesures en bois devront être formées d'une éclisse ou feuille courbée sur elle-même et fixée par des clous.

Toutes les mesures en bois devront être garnies, à la partie supérieure, d'une bordure en tôle rabattue.

Les mesures depuis et compris le double décalitre jusqu'à l'hectolitre, devront, en outre, être ferrées : on pourra, suivant l'usage auquel elles sont destinées, y adapter des pieds fixés avec boulons et écrous.

Les mesures en bois de plus petite dimension pourront être garnies de bandes latérales en tôle.

On pourra fabriquer des mesures pour les matières sèches en cuivre ou en tôle, pourvu qu'elles soient établies avec solidité, et dans la forme ci-dessus prescrite.

Chaque mesure doit porter le nom qui lui est propre : le nom ou la marque du fabricant sera appliqué sur le fond de la mesure.

MESURES DE CAPACITÉ POUR LES LIQUIDES.

Les noms et la forme affectés ci-dessus aux mesures de capacité pour les matières sèches, serviront de règle pour la construction des mêmes mesures employées pour les liquides, depuis l'hectolitre jusqu'au demi-décalitre inclusivement. Elles pourront être établies en cuivre, tôle ou fonte, mais sous la réserve expresse de prévenir par l'étamage, ou autre procédé analogue, toute altération ou oxidation de nature à présenter des dangers dans l'usage de ces sortes de mesures.

Les mesures du double litre et au-dessous devront être construites exclusivement en étain, et auront intérieurement la hauteur double du diamètre :

NOMS DES MESURES.	POIDS DES MESURES EN GRAMMES.		
	Sans anses ni couvercles.	Avec anses sans couvercles.	Avec anses et couvercles.
	gr.	gr.	gr.
Double litre............	1,350	1,700	2,200
Litre...................	900	1,100	1,350
Demi-litre.............	525	650	820
Double décilitre......	280	335	420
Décilitre	145	180	240
Demi-décilitre........	85	110	140
Double centilitre	45	60	50
Centilitre.............	25	35	50

Le titre de l'étain employé pour la fabrication des mesures reste fixé à 83 centièmes 5 millièmes, avec une tolérance de 1 centième 5 millièmes ; ainsi le métal dont les mesures seront fabriquées ne doit pas contenir moins de 82 centièmes d'étain pur et plus de 18 centièmes d'alliage.

Ces mesures devront conserver, intérieurement et sur le bord supérieur, la venue du moule ; elles devront être sans soufflures ni autres imperfections.

Le nom propre à chaque mesure devra être inscrit

sur le corps de la mesure. Le nom ou la marque du fabricant devra être apposé sur le fond.

On pourra construire des mesures en fer-blanc depuis le double litre jusqu'au décilitre ; mais ces sortes de mesures, exclusivement réservées pour le lait, devront être établies dans la forme cylindrique, ayant le diamètre égal à la hauteur, conformément à ce qui est prescrit pour les mesures destinées aux matières sèches ; elles seront garnies d'une anse ou d'un crochet également en fer-blanc, et porteront le nom qui leur est propre sur le cercle supérieur rabattu et servant de bordure. On aura soin de placer, pour recevoir les marques de vérification, deux gouttes d'étain aplaties, l'une au bord supérieur, l'autre à la jonction du fond de chaque mesure, qui devra porter aussi le nom ou la marque du fabricant.

POIDS EN FER.

Les poids devront être construits en fonte de fer : leurs noms sont indiqués ci-après, ainsi que la dénomination abréviative qui devra être inscrite sur chacun d'eux en caractères lisibles.

NOMS DES POIDS.	ABRÉVIATIONS qui devront être indiquées sur la surface supérieure.
50 kilogrammes.........	50 kilog.
20 kilogrammes.........	20 kilog.
10 kilogrammes.........	10 kilog.
5 kilogrammes.........	5 kilog.
Double kilogramme......	2 kilog.
Kilogramme...........	1 kilog.
Demi-kilogramme.......	1/2 kilog.
	5 hectog.
Double hectogramme.....	2 hectog.
Hectogramme..........	1 hectog.
Demi-hectogramme......	1/2 hectog.

Les poids en fer de 50 et de 20 kilogrammes devront être établis en forme de pyramide tronquée, arrondie sur les angles, et ayant pour base un parallélogramme.

Les autres poids en fer, depuis celui de 10 kilogrammes jusqu'au demi-hectogramme inclusivement, devront être établis en forme de pyramide tronquée, ayant pour base un hexagone régulier.

Les anneaux dont les poids sont garnis devront être placés de manière à ne pas dépasser l'arête des poids.

Chaque anneau devra être en fer forgé, rond et soudé à chaud.

Chaque anneau, attaché par un lacet, devra entrer sans difficulté dans la rainure pratiquée sur le poids pour le recevoir.

Chaque lacet devra être en fer forgé et construit solidement, tant au sommet qui embrasse l'anneau qu'aux extrémités de ses branches, lesquelles doivent être rabattues et encoulées par-dessous pour retenir le plomb nécessaire à l'ajustage.

Les poids en fer ne doivent présenter à leur surface ni bavures ni soufflures, et la fonte ne doit être ni aigre ni cassante.

Chaque poids doit être garni aux extrémités du lacet d'une quantité suffisante de plomb coulé d'un seul jet, destiné à recevoir les empreintes des poinçons de vérifications première et périodique, ainsi que la marque du fabricant qui doit y être apposée.

POIDS EN CUIVRE.

Les poids en cuivre sont indiqués ci-après, ainsi que la dénomination qui devra être inscrite sur chacun d'eux.

NOMS DES POIDS.	DÉNOMINATIONS qui doivent être appliquées sur la surface supérieure.
20 kilogrammes..........	20 kilogrammes.
10 kilogrammes....	10 kilogrammes.
5 kilogrammes..........	5 kilogrammes.
Double kilogramme	2 kilogrammes.
Kilogramme..........	1 kilogramme.
Demi-kilogramme........	500 grammes.
Double hectogramme.....	200 grammes.
Hectogramme...........	100 grammes.
Demi-hectogramme.	50 grammes.
Double décagramme......	20 grammes.
Décagramme...........	10 grammes.
Demi-décagramme.	5 grammes.
Double gramme.........	2 grammes.
Gramme..............	1 gramme.
Demi-gramme..........	5 décig.
Double décigramme......	2 décig.
Décigramme.	1 décig.
Demi-décigramme.......	5 centig.
Double centigramme.....	2 c. g.
Centigramme.	1 c. g.
Demi-centigramme.....	5 m. g.
Double milligramme.....	2 m.
Milligramme...........	1 m.

La forme des poids en cuivre, depuis et compris celui de 20 kilogrammes jusqu'au gramme, sera celle d'un cylindre surmonté d'un bouton ; la hauteur du cylindre sera égale à son diamètre pour tous les poids, jusqu'à celui de 5 grammes inclusivement ; la hauteur de chaque bouton sera égale à la moitié du diamètre du cylindre qui le supporte. Ces dispositions ne seront pas applicables aux poids d'un et de deux grammes, qui auront le diamètre plus fort que la hauteur.

Les poids depuis et compris les 5 décigrammes jus-
qu'au milligramme, se feront avec des lames de laiton
mince coupées carrément.

Les poids en cuivre cylindriques et à bouton pour-
ront être massifs, ou contenir dans leur intérieur une
certaine quantité de plomb ; mais ils devront toujours
présenter le même volume. Ces poids peuvent être
faits d'un seul jet ou formés de deux pièces seulement,
savoir : le cylindre et le bouton ; mais, dans ce der-
nier cas, le bouton devra être monté à vis sur le corps
du poids, et fixé invariablement par une cheville ou
petite vis, à fleur de la surface. Cette cheville sera en
cuivre rouge, afin de la distinguer facilement.

On pourra aussi construire des poids en cuivre d'un
kilogramme ou d'un de ses sous-multiples dans la forme
de godets coniques qui s'empilent les uns dans les au-
tres, et se trouvent ainsi renfermés dans une boîte,
qui est elle-même un poids légal.

La surface des poids en cuivre devra être nette et
ne laisser apercevoir aucun corps étranger qu'on aurait
chassé dans le cuivre, ni aucune soufflure qui permet-
trait d'en introduire.

Les dénominations seront inscrites en creux et en
caractères lisibles sur la surface supérieure des poids.
Chaque poids devra porter le nom ou la marque du fa-
bricant.

INSTRUMENS DE PESAGE.

Les instrumens de pesage sont :
1° Les balances à bras égaux ;
2° Les balances-bascules ;
3° Les romaines.

Les balances à bras égaux, désignées sous le nom de balances de magasin ou de comptoir, devront être solidement établies. Les fléaux devront être plus larges qu'épais, principalement au centre occupé par les couteaux ou pivots qui les traversent perpendiculairement, et dont les arêtes devront former une ligne droite. Les poids extrêmes de suspension devront être placés à égale distance de ces couteaux. Les fléaux ne devront pas vaciller dans les chapes. Les balances devront être oscillantes. Leur sensibilité demeure fixée à un deux-millième du poids d'une portée.

Les balances-bascules devront être oscillantes, et établies de manière à donner, quel que soit le poids dont on charge le tablier, un rapport de 1 à 10. Ces instrumens, dont la portée ne peut être moindre de 100 kilogrammes, devront être solidement construits. Il ne pourra être employé à leur usage que des poids fabriqués suivant les formes et les dénominations prescrites (v. *poids en fer*).

L'indication de chaque balance-bascule sera exprimée en kilogrammes sur une plaque de cuivre incrustée dans le montant en bois. La sensibilité pour ces sortes d'instrumens demeure fixée à un millième du poids d'une portée.

Les romaines devront être solidement construites. Les couteaux auxquels elles sont suspendues devront avoir une arête assez fine pour faciliter les mouvemens du fléau ; les leviers devront être assez forts pour ne pas fléchir sous le poids curseur qui les accompagne. L'aiguille dont chaque levier est traversé par le haut ne devra pas frotter dans la châsse.

Les romaines devront être oscillantes. Toute autre espèce est prohibée.

La sensibilité pour ces instrumens demeure fixée à 1 500e du poids d'une portée.

Les romaines porteront seulement les divisions décimales représentant les poids légaux. Toute autre division est interdite. Leur portée sera exprimée en kilogrammes sur chacune des faces divisées.

Tout instrument de pesage devra porter le nom ou la marque du fabricant.

INSTRUMENS DE MESURAGE POUR LES BOIS DE CHAUFFAGE.

Les membrures qui représentent les dimensions des mesures de solidité, du demi-décastère, du double stère, du stère, et destinées à mesurer le bois de chauffage, seront construites en bon bois; les pièces qui les composent devront être bien dressées et assemblées solidement.

Chaque membrure sera formée d'une sole, de deux montans et de deux contrefiches; elle doit avoir de plus deux sous-traits.

La longueur de la sole entre les montans est fixée ainsi :

Demi-décastère. . . . . . . 3 mètres.
Double stère. . . . . 2 mètres.
Stère. . . . . 1 mètre.

Pour les bois coupés à 1 mètre de longueur, la hauteur des montans sera :

Demi-décastère, 1 mètre 667 millimètres.

Double stère et stère, 1 mètre.

Cette hauteur variera suivant la longueur des bois,

de manière à toujours reproduire un solide de 1, 2 ou
5 mètres cubes.

On pourra construire aussi des membrures en fer du
double stère et du stère, pourvu qu'elles réunissent les
conditions de justesse et de solidité nécessaires, et
qu'elles soient garnies de rondelles adhérentes en étain
ou en plomb, pour faciliter l'application des marques
de vérification.

FIN.

IMPRIMERIE DE Mme Ve DONDEY-DUPRÉ,
Rue Saint-Louis, 46, au Marais.

9 782329 381411